myBook+

Ein neues Leseerlebnis

Lesen Sie Ihr Buch online im Browser – geräteunabhängig und ohne Download!

Und so einfach geht's:

- Gehen Sie auf **https://mybookplus.de**, registrieren Sie sich und geben Sie Ihren Buchcode ein, um auf die Online-Version Ihres Buches zugreifen zu können
- **Ihren individuellen Buchcode finden Sie am Buchende**

Wir wünschen Ihnen viel Spaß mit myBook+!

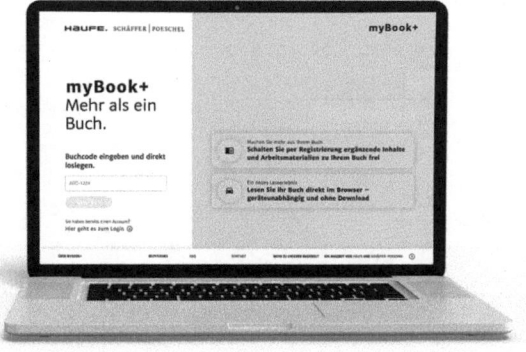

Klartext im Business

Michael Hans Hahl

Klartext im Business

Die besten Strategien der überzeugenden Kommunikation

1. Auflage

Haufe Group
Freiburg · München · Stuttgart

Bibliografische Information der Deutschen Nationalbibliothek

Die Deutsche Nationalbibliothek verzeichnet diese Publikation in der Deutschen Nationalbibliografie; detaillierte bibliografische Daten sind im Internet über http://dnb.dnb.de/ abrufbar.

Print: ISBN 978-3-648-17771-6 Bestell-Nr. 37163-0001
ePub: ISBN 978-3-648-17772-3 Bestell-Nr. 37163-0100
ePDF: ISBN 978-3-648-17773-0 Bestell-Nr. 37163-0150

Michael Hans Hahl
Klartext im Business
1. Auflage, Erscheinungstermin

© 2024 Haufe-Lexware GmbH & Co. KG, Freiburg
www.haufe.de
info@haufe.de

Bildnachweis (Cover):

Produktmanagement: Mirjam Gabler
Lektorat: Peter Böke

Dieses Werk einschließlich aller seiner Teile ist urheberrechtlich geschützt. Alle Rechte, insbesondere die der Vervielfältigung, des auszugsweisen Nachdrucks, der Übersetzung und der Einspeicherung und Verarbeitung in elektronischen Systemen, vorbehalten. Alle Angaben/Daten nach bestem Wissen, jedoch ohne Gewähr für Vollständigkeit und Richtigkeit.

> Sofern diese Publikation ein ergänzendes Online-Angebot beinhaltet, stehen die Inhalte für 12 Monate nach Einstellen bzw. Abverkauf des Buches, mindestens aber für zwei Jahre nach Erscheinen des Buches, online zur Verfügung. Ein Anspruch auf Nutzung darüber hinaus besteht nicht.
>
> Sollte dieses Buch bzw. das Online-Angebot Links auf Webseiten Dritter enthalten, so übernehmen wir für deren Inhalte und die Verfügbarkeit keine Haftung. Wir machen uns diese Inhalte nicht zu eigen und verweisen lediglich auf deren Stand zum Zeitpunkt der Erstveröffentlichung.

Inhaltsverzeichnis

Vorwort 9

1   Was kann Kommunikation? Eine Einleitung 12

2   10 Erfolgstipps für eine erfolgreiche Kommunikation 16

3   Die besonderen Gewürze für Ihre Kommunikation 28

4   Die Kunst des Zuhörens 41

5   Kennen Sie Ihr Alleinstellungsmerkmal? 48

6   Nicht Entweder-oder, sondern Sowohl-als-auch 52

7   Die Kunst des Improvisierens 55

8   Wie Sie auf KO-Sätze schlagfertig reagieren 60

9   Die 4 Vs für eine ehrliche und wertschätzende Kommunikation 64

10 »Ich habe immer (wieder) gesagt ...« – wie Sie sich selbst schwächen ... 72

11 In Meetings kommunikationsstark und effizient agieren 75

12 Kommunikation auf Augenhöhe 85

13 »Ich kann mit einem Nein leben, jedoch möchte ich es hören« 88

14 »Ich verstehe« – Schmiermittel in der Kommunikation 91

15 Was wir von großen Persönlichkeiten für unsere Kommunikation lernen können ... 94

16 Diversity und Kommunikation 105

17 Wenn Ihnen der Mut zur ehrlichen Antwort fehlt 107

18 So entmachten Sie unfaire Kritiker, Störenfriede und Besserwisser ... 114

19	»Schau mal, was Du angerichtet hast« – verletzende Worte	118
20	Das PrIO-System – in drei Stufen zu größerer Überzeugungskraft	121
21	Das Problem mit der Kritikfähigkeit	123
22	Gönnen können und andere Herausforderungen	126
23	Wie negative Glaubenssätze unsere Kommunikation verzerren	128
24	Wirkungsvolle Kommunikation in Business-Netzwerken	131
25	Wenn mein Gesprächspartner Worthülsen und leere Phrasen gebraucht	136
26	»Sie kennen ja sicherlich …?« Suggestivfragen in der Kommunikation	149
27	Mit positiven Worten kritisieren	162
28	Verwendung verstärkender Adjektive	168
29	Keine Antwort ist auch eine Antwort	170
30	Was Karl May mit unseren Werten zu tun hat	174
31	Ungefragtes Feedback	177
32	Mit intelligenten Synonymen die Kommunikation verbessern	184
33	Die (Ohn-)Macht der Worte. Ein Schlusswort	186

Danke	191
Quellenverzeichnis	193
Stichwortverzeichnis	195
Der Autor	199

Vorwort

> *»Wir sind alle Entscheider, jetzt gilt es, Verbindlichkeit und Verantwortung hinzuzufügen und endlich zuzuhören.«*
> Michael H. Hahl

Längst sind wir den Grunzlauten und wilden Gestiken entwachsen und haben im Laufe der Zeit eine Gabe entwickelt und verfeinert, die uns miteinander verbinden, manchmal aber leider auch trennen kann: die Kommunikation, also die Befähigung, miteinander zu sprechen und im optimalen Falle uns auch zuzuhören, anzuerkennen, zu verstehen und zu akzeptieren.

Dass wir uns alle gut verständigen können, daran besteht doch kein Zweifel. Alles, was wir sagen, hat Hand und Fuß, ist wohl überlegt und bestens vorbereitet. Oder stimmt etwa, was George Bernard Shaw einst sagte:

»Das größte Problem in der Kommunikation ist die Illusion, sie hätte stattgefunden.«

Ich bin beileibe kein Magier oder Illusionist, obwohl ich nach meinem ersten Vortrag im Jahre 2006 in Köln vom Vertreter einer namhaften Regionalzeitung als »Zauberer der Worte« bezeichnet wurde. Nein, ich bin kein Zauberer, das gesprochene und bitte vorab gut bedachte Wort bildet einen Schwerpunkt in meiner Arbeit als Kommunikationsstratege. Die Sprache, die Kommunikation, ist der tägliche Begleiter meines Handelns, meiner Arbeit und meiner Gespräche mit Unternehmern, Führungskräften, Rednern, Kunden, Klienten, Seminarteilnehmern, Kandidaten, Interessenten und auch Kolleginnen und Kollegen. Sie ist fester Bestandteil meiner Verhandlungen, meiner Beratung, meines Trainings, meiner Vorträge. Zusammengefasst, meiner gesamten sozialen Interaktion.

Da ich mittlerweile seit über zwanzig Jahren Menschen alle Hierarchie-, Bildungs- und Sozialebenen begleite und ihnen den Mehrwert und die Wichtigkeit dieses Themas näherbringe, war es für mich nun an der Zeit, nach meinem Buch »Business-Erfolg mit dem Netzwerk-Code« einen weiteren Schritt zu gehen und wertvolle Geheimnisse, Einsichten und Besonderheiten, die ich während meiner über 37-jährigen Arbeit mit Persönlichkeiten aller Couleur erlebt und gewonnen habe, an Sie weiterzugeben.

Bitte verstehen Sie mich nicht falsch. Ich bin definitiv nicht allwissend und mache Fehler, jedoch ist die Kommunikation das wichtigste und entscheidende Tool in unserem täglichen Miteinander, und auf diesem Gebiet bin ich Ihr Sparringspartner, in Unternehmen, der Politik, dem Sport, im TV und überall, wo man meiner Unterstützung bedarf.

Deshalb bin ich kein pfiffiges Kerlchen, der jedem das Wort im Munde herumdreht, auch kein Klugschwätzer oder ein schlagfertiger Mensch, der immer alles sofort und viel besser weiß. Ich mag solche Menschen nicht sonderlich. Haben Sie einmal versucht, mit so jemandem ein gutes Gespräch zu führen? Mit Menschen, die sich freuen, wenn sie Sie durch ihr rhetorisches Geschick in die Enge treiben? Personen, die erst dann zufrieden sind, wenn Sie keine Antwort mehr haben oder sich kommunikativ geschlagen geben? Diese Menschen gehen dann als gefühlter »Sieger« aus dem »Kampf« heraus, beweihräuchern sich selbst und haben meist »Lakaien«, die sie dafür auch noch bejubeln. Wenn sie dann noch süffisant lächeln und sich feiern lassen oder, noch besser, sich selbst feiern, dann ist der Unsympath perfekt. Oder was meinen Sie? Sicherlich sind Sie solch einem Typus schon einmal begegnet.

Wann werde ich als Kommunikationsberater gerufen? Genau oder gerade dann, wenn es um den gezielten Einsatz, die bestmögliche Vorbereitung, die entscheidenden Varianten und die erfolgsorientierte Strategie in einer entscheidenden Kommunikationssituation geht. Ich werde beauftragt, wenn Ideen und Visionen vorhanden sind, jedoch die passenden Worte und eine wirkungsvolle Kommunikationsstrategie fehlen. Gemeinsam mit meinen Klienten erarbeite ich das persönliche Alleinstellungsmerkmal. Darin bin ich führend, denn wir schaffen es, unvergessliche Anker bei denjenigen zu setzen, die wir mit unserer Kommunikation erreichen wollen. Dafür möchte ich Sie optimal vorbereiten und Ihnen die notwendige Improvisationsgabe vermitteln. Ich möchte, dass Sie Eindruck hinterlassen und man sich noch nach langer Zeit gut an Sie erinnern kann. In unserer schnelllebigen Zeit ist das gar nicht so einfach. Was heute modern ist, gilt morgen bereits als überholt oder veraltet.

Vor einigen Jahren hat mir ein Klient in Stuttgart einmal folgenden Satz gesagt und, wie sie sehen, habe ich ihn bis heute nicht vergessen. Er sagte: »Was ich heute nicht weiß, kann ich mir morgen aneignen. Was ich heute weiß, kann schon morgen nichts mehr wert sein.« Ein bekannter Talkmaster würde jetzt sagen: »Der braucht ein bisschen.« Lassen Sie den Satz einfach einmal auf sich wirken und entscheiden Sie dann, wie er Ihnen gefällt.

Das sind also einige der Gründe, weshalb ich dieses Buch schreibe. Weil ich gern auf das Thema Kommunikation so intensiv und verständlich wie möglich eingehen möchte. Denn immer noch, manchmal sogar immer mehr, verroht das sprachliche Miteinander. Die Sprache wird nicht selten zum Nebenprodukt auch dort, wo sie die Hauptrolle spielen müsste. Was gesagt wird ist teilweise unüberlegt und ignorant. So dahingesagt und nicht wirklich so gemeint. Wertschätzung und Anerkennung fehlen dort, wo sie verpflichtend sein sollten. Das gilt es zu ändern und dafür möchte ich mit meinem Buch einen Impuls geben. Dies ist für mich eine Herzenssache. Ich bin der Koch, der seine Rezepte verrät, auf dass Sie sie nachkochen und individuell verfeinern können und ein unvergessliches Mahl entsteht. Wenn das gelingt, dann kommen die Empfehlungen, die Akzeptanz, die Überzeugung und nicht zuletzt die Zustimmung ganz von selbst. Ich hoffe, Ihnen läuft schon etwas das Wasser im Munde zusammen und Sie haben ordentlich Hunger mitgebracht.

> **Geleitworte von Rolf H. Ruhleder**
>
> *Rolf H. Ruhleder ist Deutschlands härtester und teuerster Rhetoriktrainer. Er ist promovierter Betriebswirt, der 1989 in Bad Harzburg das Management Institut Ruhleder (MIR) gründete, das pro Jahr mehr als 250 Seminare, davon 200 firmeninterne Veranstaltungen, durchführt. Zu seinen Kunden zählen Unternehmen ebenso wie Prominente aus Wirtschaft, Politik, Kultur und Sport. Auch Fußballer und Eishockey-Nationalspieler hat er bereits für Interviews trainiert. Der oft als »Rhetorik-Papst« bezeichnete Ruhleder hat außerdem 16 Bücher mit einer Gesamtauflage von mehr als 350.000 Exemplaren veröffentlicht.[1] RTL betitelte ihn als »Deutschlands Manager-Trainer Nr. 1«.*
>
> »Wir leben heute im Zeitalter der Kommunikation und Digitalisierung. Vieles ändert sich in diesen Bereichen. Auf dem Gebiet der Kommunikation – der Rhetorik und Dialektik – gilt jedoch weiterhin: Sich klar und deutlich auszudrücken und in allen beruflichen wie privaten Situationen Sicherheit und Überzeugung auszustrahlen sind die wichtigsten Grundsätze. Dies ist der Wunsch aller Seminarteilnehmer, die ich inzwischen schulen durfte.
>
> Michael Hans Hahl hat dies in seinem lesenswerten Buch »Klartext im Business« klar, deutlich und abwechslungsreich zum Ausdruck gebracht. Seine gewinnende und auch herzliche Art haben mich von Anfang an überzeugt. Die zahlreichen Ratschläge und Empfehlungen in seinem Buch sind aus der Praxis hervorgegangen und sofort umsetzbar.«

Begleiten Sie mich auf einer Reise zu einem der spannendsten Themen, die es gibt. Hierzu kann man gar nicht genug hören, lesen, sehen, schreiben oder sprechen. Das unerschöpfliche Füllhorn der Sprache zeigt uns Chancen auf, die wir ergreifen, die wir nutzen und bitte nicht ignorieren sollten. Und so lade ich Sie, liebe Leserinnen und Leser, nun herzlich ein, mich zu begleiten und die Möglichkeiten der Kommunikation, ihre Wirkungen und Nebenwirkungen, näher kennenzulernen.

Michael H. Hahl

---

1   Quelle: https://www.abendblatt.de/wirtschaft/karriere/article107244430/Zur-Person.html.

1 Was kann Kommunikation? Eine Einleitung

Oder: »Kommunikation führt zu Gemeinschaft, das heißt zu Verständnis, Vertrautheit und gegenseitiger Wertschätzung.« (Rollo Reece May)
Lassen Sie mich gleich zu Beginn des Buchs die Frage stellen: Was kann Kommunikation? Wenn Sie mich auf einen Satz festnageln wollen, dann würde ich die folgende Antwort geben: »Alles und nichts«. Sehr viel und ganz wenig, Kommunikation kann Dich in den Himmel heben, jedoch auch ganz tief fallen lassen. Kommunikation beflügelt Dich und lässt Dich im nächsten Moment wie Ikarus abstürzen. Kommunikation ist High Speed und Vollbremsung zugleich. Kommunikation kann ein Schloss aufbauen, um es im nächsten Moment wieder einzureißen und zu einer verfallenen Hütte werden zu lassen. Kommunikation gibt Hoffnung und bringt Enttäuschung zugleich. Sie kann Dich trösten, aber auch tief verletzen. Kommunikation erklärt Dir die Welt und ist doch manchmal der schlechteste Touristenführer. Sie lässt Dich träumen oder wird zum Alptraum. Sie kann dafür sorgen, dass Du verstehst oder auch gar nichts kapierst. Sie macht Dich heute zum Herrscher der Welt und morgen zum Niedrigsten der Niedrigen, wie es in dem Film »Der Dieb von Bagdad« heißt. Kleine Menschen werden durch die Kommunikation zu Riesen und große Leute können so klein werden wie ein Floh.

Sprechen lernen wir alle, indem wie wir es tun. Darin, wie wir Worte wählen, sie betonen, gegebenenfalls noch mit vollem Körpereinsatz unterstreichen, unterscheiden wir uns voneinander. Vor allem aber macht unsere Einstellung zu unserem Gegenüber den Erfolg des gesprochenen Wortes aus. Sprechen wir überlegt oder unüberlegt? Manchmal liegen Welten dazwischen.

Wie wäre es, wenn wir zu Beginn dieses Buches unserer Kommunikation, also dem gesprochenen Wort, eine Art Rufnamen geben? Einen Vornamen haben wir schließlich alle. Denn was passiert zum Beispiel, wenn wir der Verständigung eine Art »Vornamen« geben. Ihr ein Adjektiv voransetzen, um sie so zu präzisieren, sichtbarer, erlebbarer, begreifbarer, spürbarer und verständlicher zu gestalten?

Fantasie und Kommunikation
Lassen Sie uns doch einmal einige Beispiele finden und sie vergleichen. Schaffen wir eine einschneidende, vorstellbare Kommunikation und lassen unserer Fantasie freien Lauf. Fantasie ist übrigens ein sehr guter Ratgeber, wenn es um das erleb- und sichtbare Sprechen geht.

Als Kommunikationsstratege, diese Bezeichnung wurde mir vor Jahren einmal von meinen Seminarteilnehmern verliehen, kann ich sagen, dass Fantasie eine essenzielle Rolle in der zwischenmenschlichen Kommunikation spielt. Fantasie erlaubt es uns, sich in die Perspektive anderer Menschen hineinzuversetzen und alternative Realitäten und Szenarien zu visualisieren. Diese Fähigkeit ist entscheidend für den Aufbau von Empathie und Verständnis zwischen Individuen und sie ermöglicht es uns, uns besser aufeinander einzulassen und effektiver zu kommunizieren. Denn wie bereits Albert Einstein einmal bemerkte: »Fantasie ist wichtiger als Wissen, denn Wissen ist begrenzt.«

Darüber hinaus erlaubt uns die Verwendung von Fantasie und bildhafter Sprache, komplexe oder abstrakte Konzepte auf eine zugängliche und ansprechende Art und Weise zu vermitteln. Ein Beispiel hierfür bietet die Verwendung von Metaphern oder Analogien, um abstrakte Konzepte greifbarer und verständlicher zu machen. Fantasie kann somit als eine Art »Brücke« zwischen den individuellen Erfahrungen und der gemeinsamen Verständigung dienen, indem sie die Möglichkeit bietet, ein solidarisches Bild und Verständnis zu schaffen.

In der Literatur, Kunst und im Film ist die Verwendung von Fantasie ein zentrales Element, um eine emotional ansprechende Geschichte zu erzählen und eine tiefe Verbindung zwischen den Zuschauern oder Lesern und dem Dargestellten herzustellen. Die Kraft der Fantasie liegt darin, dass sie uns erlaubt, in eine fremde Welt einzutauchen, und uns dabei hilft, uns mit den Charakteren und Themen auf einer tieferen Ebene zu verbinden.

> **Mein Fazit**
>
> Fantasie ist nicht nur ein wesentlicher Bestandteil der menschlichen Kommunikation, sondern sie spielt auch eine bedeutende Rolle bei der Entwicklung von Empathie, Verständnis und gemeinsamen Erfahrungen. Die Verwendung von Fantasie und bildhafter Sprache ermöglicht es uns, komplexe Ideen auf verständliche und zugängliche Weise zu vermitteln, und schafft eine tiefere Verbindung zwischen den Individuen und den Themen, über die wir miteinander sprechen.

Hier endet mein kleiner Ausflug in die Fantasie. Kehren wir zurück zu der Vornamengebung für unser gesprochenes Wort. Ich nenne diese Strategie auch »**Kommunikation vs. …**« Damit möchte ich nicht etwa einen Kampf und die beiden Kontrahenten ankündigen, sondern zwei unterschiedliche Möglichkeiten gegenüberstellen. Diese zehn »Vornamen« für Kommunikation sind mir eingefallen:

> **»Kommunikation vs. …«**
>
> - Kommunikation vs. **verbindliche** Kommunikation
> - Kommunikation vs. **vorbereitete** Kommunikation
> - Kommunikation vs. **wertschätzende** Kommunikation
> - Kommunikation vs. **einfühlsame** Kommunikation
> - Kommunikation vs. **klare** Kommunikation
> - Kommunikation vs. **erlebbare** Kommunikation
> - Kommunikation vs. **gezielte** Kommunikation.
> - Kommunikation vs. **strategische** Kommunikation

- Kommunikation vs. **anerkennende** Kommunikation
- Kommunikation vs. **verständliche** Kommunikation

Die zweite Bezeichnung auf der rechten Seite, also die Kommunikation mit dem »Vornamen«, wird uns immer mehr zusagen und verständlicher, leichter begreifbarer sein als der abstrakte Kommunikationsbegriff selbst. Warum? Weil wir etwas damit verbinden, erwarten, vielleicht sogar erhoffen. Doch der erläuternde Zusatz, der Vorname, hat noch einen weiteren, enormen Vorteil: Er erklärt uns die Intensität und den Wert unserer Kommunikation, er zeigt, worauf es uns in der Kommunikation ankommt.

Ist es nicht faszinierend, dass wir nur durch die Zugabe eines Wortes dem Begriff Kommunikation eine viel intensivere und verständlichere Bedeutung geben können? Im Grunde ist es ganz einfach und doch fällt es so vielen Menschen im täglichen (Business-)Leben so schwer. Woran liegt das? Habe ich es nicht besser gewusst oder habe ich mir darüber keine Gedanken gemacht? War es mir gleichgültig oder hatte ich es einfach nur nicht auf meiner »Agenda«? Alles ist möglich, darin besteht ja die Kommunikation in all ihrer Vielseitigkeit, ihren Möglichkeiten und ihrer Dynamik.

Jetzt stellen Sie sich bitte einmal ganz persönlich die Frage: »Was kann Kommunikation?« Versuchen Sie die Antwort so spontan und unkompliziert wie möglich in einem Satz zu formulieren:

»Kommunikation kann …«

oder noch persönlicher:

»Für mich kann Kommunikation …«

Übrigens: Wenn Sie wieder einmal überlegen, wie Sie etwas sagen wollen, dann versuchen Sie doch einmal alles, was Sie übermitteln möchten, in einem Satz zu bündeln. Das macht Spaß, regt den Geist an und sie bekommen ein gutes Gefühl, etwas kurz und knapp formuliert zu haben, und schaffen damit eine hervorragende Grundlage für Aufmerksamkeit und nicht selten auch eine gute Diskussionsbasis. Sie kennen ja sicherlich den schönen Ausspruch von David Belasco, der einst sagte: »Wenn du deine Idee nicht auf die Rückseite einer Visitenkarte schreiben kannst, hast du keine klare Idee.« Stellen Sie sich einmal vor, man würde Ideen kurz und präzise so formulieren, dass ein anderer sofort versteht, um was es sich handelt. Was für eine schöne heile Kommunikationswelt hätten wir?

Ich erarbeite diese Form der kurzen und klaren Aussage auch immer wieder mit meinen Klienten und Seminarteilnehmern. Probieren Sie es einmal aus, sie werden staunen, wie stark und fokussiert Ihre Sätze werden. »Ich gebe Ihnen mein Wort drauf.« Das ist übrigens ein solcher knapper, aber kraftvoller Satz, aber das haben Sie sicherlich bereits erkannt.

Zu meinen liebsten Übungen zählt in diesem Zusammenhang auch die Übung »Der Buchtitel«. Hier geht es darum, präzise und sehr ansprechend, mit dem Ziel, neugierig zu machen und Interesse zu wecken, einen Buchtitel oder, moderner formuliert, eine Headline zu gestalten. Wer schafft es in einem, maximal zwei kurzen Sätzen, die größte Aufmerksamkeit zu generieren? Es ist immer wieder faszinierend und besonders spannend, zu erfahren, wie Menschen formulieren, wenn sie die Aufgabe haben, andere zu begeistern und ihre Aufmerksamkeit einzufangen. Hierbei kommt ein Prinzip zum Einsatz, das ich aus dem Bewerbungsprozess kenne und häufig anwende: Das KISS-Prinzip: *Keep it short and simple.* Probieren Sie es gern einmal selbst aus. Macht Spaß und bringt auch etwas. Es verfeinert unsere Kommunikationsfähigkeit.

Kommunikation und ihre Geschwister, wie zum Beispiel Köpersprache, Betonung, Dialekt, Lautstärke, zeigen uns, wie wir respektvoll, persönlich und ehrlich miteinander in den Austausch gehen. Wir alle besitzen die Gabe zu kommunizieren und wir alle haben die Chance, unsere Kommunikationsfähigkeit zu verfeinern, zu optimieren, zu fokussieren, kurz gesagt, täglich daran zu arbeiten. Dabei geht es doch gar nicht darum, ein rhetorisches Sprachgenie zu sein oder eine besonders schlagfertige Person. Vielmehr geht es darum, das, was ich sage, mit Respekt vor meinem Gegenüber klar zu formulieren, um mit ihm in den Austausch zu gehen, eine wechselseitige Verständigung zu ermöglichen und zu leben.

> **Meine Empfehlung**
>
> Wenn Sie mit jemandem beruflich sprechen möchten und ihn oder sie um einen Termin bitten, versuchen Sie doch einfach einmal, anstatt eines »Gesprächs« einen »Austausch« vorzuschlagen. Das klingt nicht nur angenehmer, denn hinter dem Begriff »Austausch« versteckt sich der Wunsch einer Begegnung auf Augenhöhe mit Respekt und Akzeptanz des Gesprächspartners, seiner Themen und Sichtweisen. In einem »Austausch« stehen viel mehr Wege offen, um sich anzunähern und gemeinsam etwas zu erschaffen, als in einem »Gespräch«. Denn in den allermeisten Fällen zeigt sich im Gespräch bereits eine bestimmte Haltung.

Sicherlich kennen Sie Sätze wie »Man hat mich zum Gespräch gebeten« oder »Ich bitte um ein Gespräch«. Ein »Gespräch« ist natürlich nichts Schlechtes, aber ein »Austausch« signalisiert eine höhere Bereitschaft zur Interaktion. Auch nimmt es etwas den Druck raus.

Kommunikation kann also verbinden, und so sollte sie stets geführt werden: Verbindend, verbindlich, vertrauens- und verständnisvoll. Wenn wir alle dies ein wenig mehr beherzigen und Störfeuer wie Ironie, Polemik, Arroganz, Gleichgültigkeit, Abneigung, Desinteresse und Unverbindlichkeit beiseite räumen oder gar ganz streichen könnten. Dann hätten wir einige schwierige Themen weniger auf dieser Welt. Stimmen Sie mir zu?

Wünschen Sie noch mehr Erfolgstipps für Ihre Kommunikation, dann lade ich Sie ein, das nächste Kapitel zu lesen.

2 10 Erfolgstipps für eine erfolgreiche Kommunikation

Oder: »Es ist nicht genug, zu wissen, man muss auch anwenden. Es ist nicht genug, zu wollen, man muss auch tun.« (Johann Wolfgang von Goethe)
Kommunizieren ist eine Kunst, eine Fertigkeit und eine persönliche Qualität in einem. Wohl dem also, der gut zu sprechen weiß und seine Worte weise und mit Bedacht wählt.

Wer seine Kommunikation wirklich verbessern, klarer, wertschätzender und persönlicher ausrichten möchte, für den habe ich in diesem Kapitel die wichtigsten Erfolgstipps zusammengefasst. Seit vielen Jahren schreibe ich meine Beobachtungen, Empfehlungen und Ideen auf, um sie weiterzugeben, so dass auch andere davon profitieren können. Darum habe ich dieses Buch geschrieben.

Hier nun zehn der aus meiner Sicht hilfreichsten Tipps, die ein Muss für jede gute Unterhaltung, aber auch für eine wirkungsvolle Business-Kommunikation sind. Aber entscheiden Sie selbst und vor allem: Schauen Sie einmal, wie viele dieser zehn Empfehlungen Sie bereits täglich berücksichtigen bzw. aktiv anwenden.

Noch eines: Ich habe selbstverständlich auch die Erfahrungen anderer Personen aus meiner Umgebung in dieses Buch einfließen lassen. Ich möchte Ihnen gern unterschiedliche Meinungen und Perspektiven vorstellen, so dass Sie Ihren ganz eigenen Weg entdecken und optimal ausarbeiten können. Für mich werden die Antworten dadurch noch interessanter und vielseitiger. Ich habe mich von gestandenen Persönlichkeiten aus allen Bereichen wie Politik, Film, Sport, Business und vielem mehr inspirieren lassen.

»Du sollst die Tat allein als Antwort sehen.« (Dante Alighieri)

Tipp 1: Gute Vorbereitung ist das A und O

Sicherlich kennen Sie Aussagen wie »Eine gute Vorbereitung ist das A und O«. Dem möchte ich uneingeschränkt zustimmen. Eine gewissenhafte Vorbereitung ist in der Tat sehr wichtig, denn wer möchte schon gerne unwissend vor einem Publikum stehen, um etwas zu erklären oder anzubieten, von dem er nicht einmal den Hintergrund kennt.

> **Vorbereitung hat etwas mit Wertschätzung zu tun**
>
> Vorbereitung hat etwas mit Wertschätzung zu tun. Sie zeigt meinem Gegenüber, wie wichtig er und sein Thema mir sind. Außerdem macht mich die Vorbereitung zu einem geschätzten und anerkannten Menschen, da ich mich bestmöglich auf meinen Gesprächspartner, die Gruppe oder die Teilnehmer eines Meetings oder Seminars eingestellt und mich im Vorfeld nicht nur entsprechend informiert, sondern mir auch weiterführende Gedanken gemacht habe. Alexander Graham Bell hat es sehr passend ausgedrückt: »Vor allem anderen ist Vorbereitung der Schlüssel zum Erfolg.«

Nutzen Sie diesen Schlüssel, anstatt – wie leider nur zu oft – den Dietrich, die Brechstange oder gar das Dynamit einzusetzen. Das alles sind lediglich Notlösungen, auf die man grundsätzlich verzichten sollte, weil sie nicht selten mehr zerstören, als etwas zu erhalten. Kommunikation darf niemals auf solch einer Notlösung aufgebaut sein oder als solche angesehen und durchgeführt werden. Dazu ist sie zu wertvoll, zu entscheidend, zu wichtig, zu persönlich.

> **Meine Empfehlung**
>
> Bereiten Sie sich auf jedes (Geschäfts-)Gespräch sehr gut vor. Selbst wenn Sie Thema und Person kennen und felsenfest davon überzeugt sind, dass das anstehende Gespräch schon funktionieren wird und Sie es mit Bravour meistern werden. Selbst dann oder vielleicht auch gerade dann ist eine gute Vorbereitung wichtig. Denn sie hat noch einen weiteren Vorteil. Sie korrigiert bzw. neutralisiert nicht selten vorgefertigte Meinungen und die haben wir doch leider alle oder nicht?
>
> Übrigens: Wer gut vorbereitet ist, der kann in der Regel auch gut improvisieren (vgl. Kapitel 7).

Tipp 2: Respekt, Achtung und Wertschätzung meines Gegenübers

Respekt, Achtung und Wertschätzung – diese und ähnliche Begriffe werden Sie in diesem Buch noch öfter lesen. Für mich bilden sie, mit Leben gefüllt, die gesunde Basis eines jeden guten Gesprächs, gleich um welches Thema es geht.

»Sie nehmen mich nicht ernst«, »Ich verlange Respekt«, »Hören Sie mir überhaupt zu?«. Solche Sätze kennen wir aus vielen Gesprächen. Jedoch sind es genau solche Aussagen, die in einem Gespräch nichts, aber auch wirklich gar nichts verloren haben. Verbannen wir sie also und konzentrieren uns auf das Wesentliche – auf unser Gegenüber und auf eine klare, verständliche Sprache. Denn wenn ich vorhabe, ein Gespräch zu führen, ist es entscheidend und unerlässlich, dass ich mich auf meinen Gesprächspartner vorbereite und ihm oder ihr Respekt, Achtung und Wertschätzung entgegenbringe.

Respekt: Vor der Person, vor dem, was sie erreicht hat, und vor ihrer Bereitschaft, ein Gespräch mit mir zu führen. Bitte verstehen Sie mich nicht falsch, niemand erwartet, dass Sie sich vor der Person verbeugen oder gar niederknien. Eine Ausnahme könnte sein, wenn Sie einmal einer Königin oder einem König begegnen. In jedem Gespräch sollte klar zum Ausdruck kommen, dass nicht nur der Gegenstand der Unterhaltung, sondern auch Ihr Gegenüber, Ihr Gesprächspartner bedeutsam ist.

Lassen Sie mich Ihnen einige zwei Formulierungsbeispiele sowohl für respektvolle wie für einen respektlose Sätze geben, die täglich in vielen beruflichen Gesprächen verwendet werden.

> **Eine wenig respektvolle Formulierung**
>
> »Wann sind Sie denn endlich fertig damit, ich brauche das Ergebnis spätestens heute Mittag auf meinem Schreibtisch, ist das klar?«

Sie glauben vielleicht, dass niemand so spricht und ich maßlos übertreibe? Ich darf Ihnen versichern, dass genau dieser Ton in vielen Unternehmen an der Tagesordnung ist. Traurigerweise auch in Unternehmen, die mit ihrer Wertschätzung und Mitarbeiterfreundlichkeit werben. Lassen Sie mich Ihnen versichern, dass ich mit diesem Formulierungsbeispiel nicht übertrieben habe.

So könnte eine respektvolle Gesprächsführung aussehen:

> **Eine respektvolle Formulierung**
>
> »Ich finde es gut, dass Sie das Thema aufgenommen haben. Da steckt eine ganze Menge Arbeit drin. Sind Sie optimistisch, dass Sie das Ergebnis heute im Laufe des Tages erhalten? Ich würde es gerne noch mit Ihnen besprechen. Vielen Dank für Ihr Engagement.«

Besinnen wir uns wieder auf die bewährten Tugenden. Auf das, was uns einst ausgemacht, ja auch ausgezeichnet hat, und für das schon der Schriftsteller Karl May bekannt war, der viele Jahre die Werte der Deutschen repräsentiert hat (vgl. Kapitel 30).

Tipp 3: Trennen Sie die Sach- von der Beziehungsebene
»Den kann ich nicht leiden.« Bitte nicht (laut) sagen. Wenn Sie ein Profi sind, ist die Beziehungsebene für Sie zwar wichtig, Sie sollte sie jedoch niemals negativ beeinflussen oder sich von ihr negativ beeinflussen lassen. Sie können diese Ebenen auseinanderhalten, davon gehe ich aus, denn es geht um die (gemeinsame) Sache. Es gilt, einen Weg zu finden, ihn zu erarbeiten, zu entwickeln und miteinander zu gehen. Nicht selten ergeben sich aus dem Projekt Berührungspunkte und Verbindungen. Manchmal entstehen Freundschaften zu Menschen, die wir zuvor abgelehnt oder wenig beachtet haben. Interessanterweise sind dies nicht selten Verbindungen, die ein ganzes Leben halten.

Im Leben ist es nicht selten so, dass man in manchen Bereichen sehr gut ist und in anderen weniger. Wir sind alle Menschen, Individuen, die Unterschiedlichstes auf ihrer persönlichen »Festplatte« gespeichert haben. Manche mögen uns und manche eben nicht. Es gibt Menschen, die finden uns sympathisch, humorvoll, gutaussehend, charmant, begabt und manche würden genau das Gegenteil behaupten. Es liegt im Auge des Betrachters, in der Einstellung, der Ausrichtung und des Typus. Es kann nicht jeder jeden mögen. Aber eine erfolgreiche gemeinsame Zusammenarbeit kann diese (Vor-)Urteile meist revidieren. Das Zauberwort, das am Anfang eines jeden Miteinanders steht, lautet Akzeptanz. Geben Sie jedem Menschen, gleich ob Kollegin oder Kollege, die Chance, Ihren Eindruck zu korrigieren. Oder im schlimmsten Fall zu bestätigen. Trennen Sie Arbeit und Persönliches. Sie erleichtern sich damit Ihr (Arbeits-)Leben. Wenn es Ihnen gelingt, die Sache von der Beziehung zu trennen, dann sind Sie ein echter Profi, Sie ärgern sich weniger und es geht Ihnen sicherlich viel besser damit.

Tipp 4: Kommen Sie auf den Punkt
Es gibt Menschen, die können Ihnen einen Strauß an bunten Argumenten liefern. Leider dauert es oftmals ewig, bis sie auf den Punkt kommen. Lassen Sie die blumige Verpackung einfach weg und versuchen Sie sich auf das Wesentliche zu konzentrieren. Ein ehemaliger Kollege aus der Wohnungswirtschaft erzählte fast jedes Mal, wenn man ihn nach der Uhrzeit fragte, etwas über die Entstehung der Zeit. Irgendwann mochte ihn niemand mehr nach der Uhrzeit fragen. Das ging sogar so weit, dass fast niemand mehr mit Fragen auf den Kollegen zuging. Die Befürchtung, er könne sie wieder in Grund und Boden reden, war einfach zu groß. Die ältere Generation von Ihnen erinnert sich in diesem Zusammenhang sicherlich noch an den Slogan, der vor vielen Jahren an den öffentlichen Telefonzellen stand: »Fasse Dich kurz.«

Was glauben Sie, warum Meetings oftmals ohne feste Beschlüsse enden? Einer der Hauptgründe ist zweifellos die Tatsache, dass nicht viele Leiter, Redner und Teilnehmer auf den Punkt kommen, diesen ganz klar ansprechen und dann auch nur hierfür einen Beschluss herbeiführen. Meine ehemaligen Kolleginnen aus der Wohnungswirtschaft wissen, was ich meine (vgl. auch Kapitel 11).

Warum manche Menschen nicht auf den Punkt kommen
Als Trainer für effektive und erfolgreiche Meetings möchte ich Ihnen die fünf wichtigsten Gründe nennen, warum Menschen nicht immer auf den Punkt kommen:
1. **Mangelnde Klarheit:** Oftmals haben die Menschen selbst nicht wirklich verstanden, was sie sagen möchten.
   Dies führt dazu, dass sie um den heißen Brei reden und umständlich formulieren. Dabei kann es auch vorkommen, dass sie ihre Gedanken nicht vollständig sortiert haben und einiges durcheinanderbringen. Das macht es erheblich schwieriger, auf den Punkt zu kommen.
2. **Angst vor Konflikten:** In manchen Fällen vermeiden Menschen es, direkt auf den Punkt zu kommen, weil sie befürchten, dadurch Konflikte auszulösen. Sie wählen lieber umschreibende, beschönigende, oftmals völlig wertlose, leere Worte oder

weichen dem eigentlichen Thema aus, um unangenehme Situationen zu vermeiden. Das Ergebnis: Wir vertagen uns.
3. **Rücksicht auf andere:** Einige Menschen möchten andere nicht verletzen oder verärgern und wählen daher ihre Worte sorgfältig aus, um sicherzustellen, dass sie ihre Absichten klar und verständlich ausdrücken. Dies führt jedoch nicht selten dazu, dass sie nicht direkt auf den Punkt kommen.
4. **Eigene Unerfahrenheit:** Insbesondere bei jüngeren Menschen kann es vorkommen, dass sie Schwierigkeiten haben, ihre Gedanken und Gefühle klar zusammenzufassen und zu kommunizieren. Ihnen fehlt oftmals die Erfahrung im Umgang mit Konversationen und sie brauchen mehr Zeit, um sich auszudrücken.
5. **Stress:** In stressigen Situationen, zum Beispiel in beruflichen Meetings oder in persönlichen Konflikten, können Menschen unter Druck geraten und dadurch unklar oder umständlich kommunizieren. Sie haben möglicherweise Schwierigkeiten, sich zu konzentrieren oder ihre Gedanken geordnet zu präsentieren, was es ihnen manchmal unmöglich macht, auf den Punkt zu kommen.

Dies sind nur einige von ganz vielen Gründen, warum sich manche Leute einfach nicht kurz fassen und auf den Punkt kommen. Sollten Sie zu dieser Gruppe gehören, darf ich Sie beruhigen, denn die »punktuelle« Kommunikation kann man erlernen und sie optimieren.

Tipp 5: Stellen Sie sicher, dass Sie verstanden wurden
Was für Sie klar und logisch ist, kann für Ihren Gesprächspartner unverständlich und verschwommen sein. Setzen Sie Ihr Verständnis einer Sache nicht als Basis oder als das einzig Wahre voraus. In dem ergreifenden Film »Philadelphia« mit Tom Hanks sprach sein Anwalt, gespielt von Denzel Washington, einen ganz besonderen Satz. Über diesen Satz mussten viele Zuschauer sicherlich im ersten Moment schmunzeln. Dahinter steckte jedoch die deutliche Bitte, klar und verständlich zu formulieren: »Erklären Sie es mir so, als wäre ich zwei Jahre alt.« Nehmen Sie diesen Tipp bitte nicht allzu wörtlich. Mir ist klar, dass Ihre Gesprächspartner im Business nicht in dieser Altersgruppe zu finden sind. Jedoch sollten Sie diese Empfehlung in Ihre Vorbereitung und dem anschließenden Business-Gespräch beherzigen. In der gesprochenen Kommunikation sollte nie etwas selbstverständlich sein und Sie sollten nie etwas voraussetzen. Suchen Sie eine gemeinsame Basis und schaffen Sie ein Fundament, auf dem Sie und Ihr Gegenüber aufbauen können. Das ist mit Mehrarbeit verbunden. Jedoch zahlt sich diese am Ende aus, da Sie gemeinsam einen für beide Seiten verständlichen, akzeptablen und nicht selten sehr erfolgreichen Weg gefunden haben.

Tipp 6: »Haben Sie 'ne Minute?«
»Ach Müller, gut dass ich Sie gerade treffe. Hören Sie, wir müssen noch über die Verkaufsstrategie sprechen. Haben Sie gerade 'ne Minute?« Kein Gespräch, in dem man Sie um eine Minute Ihrer Aufmerksamkeit bittet, dauert wirklich 60 Sekunden. Man

soll zwar niemals nie sagen, aber sicherlich stimmen Sie mir zu. Oftmals möchte die Person, die Sie gerade in Ihrer Pause, vor einem wichtigen Termin oder auf dem Heimweg »überfällt«, ihr Thema, das sie möglicherweise seit Stunden oder Tagen vor sich herschiebt, loswerden. Auf die Schnelle. Ganz spontan. Dauert auch nur eine Minute (mindestens).

Ich darf Ihnen versichern und sicherlich sehen Sie das ebenso: Nichts von Bedeutung dauert nur eine Minute und schon gar nicht Anweisungen, Ausarbeitungen, Vorbereitungen oder ähnliche Anforderungen an Sie, Ihre Expertise und die Qualität Ihrer Arbeit. Also fragen Sie das nächste Mal nach einem realistischen Zeitfenster für das Gespräch und lehnen Sie ein »Tür und Angel«-Gespräch ab. Das ist unhöflich, respektlos und dominant, da Sie damit auch über die Zeit der Kollegin oder des Kollegen verfügen.

Tipp 7: Führen Sie Ihre Gespräch grundsätzlich auf Augenhöhe
Im Bewerbungsprozess spricht man gerne von einem Vorstellungsgespräch, einem Bewerbungsgespräch oder, aus dem Amerikanischen übernommen, von einem Jobinterview.

Das Jahresgespräch in Unternehmen wird gerne als Mitarbeitergespräch deklariert. Ich halte dies strenggenommen für ungenau oder falsch. Warum? Weil in einem Jahresgespräch die Kommunikation auf Augenhöhe oft verlorengeht. Das gilt auch für das Vorstellungsgespräch, in dem sich der Bewerber dem Unternehmen präsentiert. Ich finde das sehr einseitig, denn was ist mit der Vorstellung des Unternehmens, der Arbeitsinhalte und der Position? Oder nehmen wir ein Bewerbungsgespräch. Sie bewerben sich in diesem Gespräch auf Basis Ihrer schriftlichen Bewerbungsunterlagen noch einmal persönlich. So kann Ihr Gegenüber sehen, ob Ihre Persönlichkeit zum Unternehmen passt und die Aussagen in Ihrem Anschreiben, dem Lebenslauf und möglichen anderen Unterlagen stimmen. Wann bewirbt sich eigentlich das Unternehmen bei Ihnen und vor allem, wie?

Auch das aus den USA übernommene »Jobinterview« ist eher einseitig. Denn nimmt man diese Bezeichnung wörtlich, dann bedeutet es, dass eine Person der anderen Fragen stellt, auf die sie dann reagiert und diese im besten Fall beantwortet. Auch hier stellt sich die Frage: Kann ich meinen Gesprächspartner auch interviewen? Ganz ehrlich: eher semioptimal, denn dafür ist keine oder im besten Fall nur sehr wenig Zeit vorgesehen.

Das Mitarbeitergespräch, das in der Regel mindestens einmal im Jahr stattfinden sollte – ich empfehle, es öfter zu führen –, trägt lediglich die Bezeichnung »Mitarbeiter« nicht aber die andere Seite, also die Führungskraft oder den Team-, Produktions- oder Werksleiter im Wort. Denn bei solchen Gesprächen ist es doch eher Tradition, dass mein Arbeitgeber bzw. dessen Vertreter etwas von mir erfahren möchten. Zwischenfragen sind zwar erlaubt, werden aber meist aus Angst oder Unsicherheit des Mitarbeiters weggelassen oder, wenn überhaupt, erst am Ende des Gesprächs gestellt. Ich möchte durch meine Frage ja nicht die Harmonie stören und Gefahr laufen, eine schlechte Bewertung zu bekommen oder als schlechter, aufdringlicher, unangenehmer, vielleicht sogar rebellischer Mitarbeiter auffallen. Ich nenne diese Art der Konversation »einseitige Kommunikation«. Ein gutes, erfolgreiches Gespräch sollte aber doch zweiseitig geführt werden, also von beiden Seiten im Dialog.

Das Zauberwort lautet »persönliches Gespräch«. Denn nur in einer solchen Kommunikation begegnen sich beide Seiten auf einer Ebene, eben auf Augenhöhe. Der Unternehmensvertreter ist nicht bessergestellt, weil er einen Job oder eine Bewertung zu vergeben hat. Der Bewerber hat keine schlechtere Position im Gespräch, weil er diesen Job gerne möchte und sich deshalb beworben hat. Der Vorgesetzte hat keine Vorteile, weil er Vorgesetzter ist, und der Bewerber keine Nachteile, weil er ein Bewerber ist.

Die beiden Parteien begegnen sich und sprechen auf Augenhöhe. So und nur so kommt ein guter Austausch zustande, der einen echten Mehrwert für beide Seiten bietet. Ich habe Unternehmen erlebt, die arbeiten mit vorgefertigten Fragebögen und Gesprächsleitfäden, die Jahr für Jahr eingesetzt, jedoch niemals aktualisiert werden. Ich selbst habe einmal für ein solches Unternehmen gearbeitet. Hier wurden Noten vergeben von 1 (sehr gut) bis 6 (ungenügend). Ich frage Sie, ist das die Art, wie wir Gespräche führen wollen, indem wir Noten vergeben und Checklisten abhaken?

Wenn dies in Ihrem Unternehmen der Fall ist, dann empfehle ich, die Zeit einzusparen und solche Mitarbeitergespräche abzuschaffen. Nutzen Sie die verlorene Zeit lieber, um sich wichtigeren Themen zu widmen. Zum Beispiel neue Mitarbeiter zu finden, weil die alten aufgrund des schlechten Arbeitsklimas und der desinteressierten Führungskräfte längst gegangen sind.

Ausnahmen bestätigen diese Regel, sind jedoch nur sehr selten und somit nicht erwähnenswert. An der Vorbereitung und der Gesprächsführung, an dem »gemeinsam«, erkennt man eine gute Führungskraft. Begegnen Sie Ihrem Gegenüber also auf Augenhöhe, dann funktioniert's auch mit dem guten, sinnvollen, verwertbaren und nachhaltigen Gespräch. Besser noch: Es hinterlässt einen bleibenden positiven Eindruck bei Ihren Mitarbeiterinnen und Mitarbeitern. Dies empfehle ich seit Jahren meinen Klienten und Seminarteilnehmern, und es gilt nicht nur bei der beruflichen Neuorientierung und im Mitarbeiter-Jahresgespräch, sondern für alle Formen der Unterhaltung, des Austauschs und der Informationsübermittlung. Probieren Sie es gern einmal aus, falls Sie es nicht schon vorbildlich umsetzen.

Tipp 8: Die Ausstrahlung – Zeigen Sie Freude an der Arbeit

»Macht Ihnen Ihre Arbeit Spaß? Ja. Dann erzählen Sie es Ihrem Gesicht.«

Ein chinesisches Sprichwort sagt: »Wer nicht lächeln kann, sollte kein Geschäft eröffnen.« Ich bin viele Jahre gependelt. Jeden Tag mit dem Zug von Mannheim nach Stuttgart. Wenn Sie ebenfalls mit Bus und Bahn unterwegs sind, kennen Sie sicherlich die Gesichter, die Ihnen tagtäglich begegnen. Nicht selten schaut man in griesgrämig dreinschauende Gesichter. Augen- und Mundwinkel nach unten gezogen und verschlossen. Manche versuchen zu schlafen, andere schauen aus dem Fenster oder auf ihr Smartphone. Von einer möglichen guten Laune und der Freude auf die Arbeit ist da wenig bis gar nichts zu erkennen. Oftmals höre ich den Satz:»Ich brauche erst einmal einen Kaffee, um wach zu werden oder in Fahrt zu kommen.« Als ich noch in der Immobilienwirtschaft gearbeitet habe und morgens durch die Gänge mancher Unternehmen gelaufen bin, sah ich oft in versteinerte Mienen und Gesichter. Da ich wusste, dass ich nicht im Museum war, machte ich mir echte Sorgen um die intrinsische Motivation und den Verhaltenszustand dieser Menschen, die doch eigentlich ihr Unternehmen vertreten.

Ich berate, coache und trainiere seit über 20 Jahren Menschen, die sich beruflich neu- oder umorientieren wollen, manchmal leider auch müssen. Personen, die auf Jobsuche sind, sich vor potenziellen neuen Arbeitgebern präsentieren und überzeugen müssen. Bei vielen erlebe ich in den Gesprächen eine große Erleichterung. Neue Motivation zeigt sich und mit Schwung und Elan geht man an die Aufgabe, den neuen, passenden Job zu finden. Nicht wenige meiner ehemaligen Klienten fühlen sich im neuen Unternehmen mit ihrer Aufgabe und der Umgebung viel wohler.

Tatsächlich sehe ich inzwischen einige Menschen wieder lächeln, deren Lachen vorher verschwunden zu sein schien. Hier fällt mir ein altes Zitat ein, das meiner Meinung nach perfekt auf diesen Punkt passt. Es ist von Aristoteles und lautet: »Die Freude an der Arbeit lässt das Werk trefflich geraten.«

> **Meine Empfehlung**
>
> Lächeln Sie, gerade in der Kommunikation! Zeigen Sie Ihren Humor und Ihre Freude und stecken Sie andere damit an. Oder suchen Sie sich ein neues Betätigungsfeld, auf dem Sie mehr Erfüllung und Spaß finden und das Ihnen im wahrsten Sinne des Wortes ein Lächeln auf Ihr Gesicht zaubert. Und wenn das Lachen und der Spaß sogar der Hauptinhalt in Ihrem Leben sind, dann werden Sie Comedian. Das ist ein durchaus ernst gemeinter Tipp. Es gibt großartige Komiker in unserem Land, die ihre Gabe ausleben. Und es ist erstaunlich, wo man sie überall finden kann.

Tipp 9: Auf den richtigen Kommunikationsweg kommt es an
Vor einigen Jahren bekam ich eine Seminaranfrage eines Konzerns der Raum- und Luftfahrt. Hierbei ging es um die interne Kommunikation. Das Problem war, dass die E-Mail-Flut in den Büroetagen überhandnahm. Anstatt auch nur eine Tür weiter zur Kollegin oder zum Kollegen zu gehen, schrieb man lieber eine E-Mail. Die persönlichen Gespräche, der Austausch im Unternehmen und in den einzelnen Abteilungen kamen langsam zum Erliegen. Dies wollte die Leitung ändern und bat um ein entsprechendes Angebot.

Nun ist es in der heutigen Zeit Usus, dass wir Kurznachrichten übers Handy versenden. Das ist ja auch nicht schlimm, es ist häufig nur unpersönlich. Da hilft übrigens auch keine Emoji. Ein »Ich bin stolz auf Sie« kommt geschrieben über das Mobiltelefon wesentlich gefühlsärmer rüber, als wenn man es von Angesicht zu Angesicht sagen würde. Es gibt Themen, die man nicht mal eben kurz dem anderen senden kann, ohne dass sie ihre Kraft und ihren Zauber verlieren. Ja, und damit auch die Wirkung.

Sicherlich würden mir viele zustimmen, dass manche Nachrichten persönlich überbracht werden sollten. E-Mails sind zum Beispiel immer auch Nachweise dafür, dass ich etwas aufgenommen, weitergegeben, bearbeitet oder erledigt habe.

Tipp 10: Verabreden Sie feste Zeitfenster für Ihre Gespräche
Kennen Sie das? Man sieht nach vielen Jahren einen guten alten Bekannten, einen Schulfreund wieder und einer der ersten Sätze lautet: »Wir müssen uns unbedingt mal wieder treffen und über die alten Zeiten sprechen.« Sicherlich wissen Sie, wie es nach dieser Zufallsbegegnung häufig weitergeht. In den allermeisten Fällen bleibt es bei der Absichtserklärung.

Im Business sollte dies anders laufen. Ein gemeinsamer Termin sollte gleich, am besten noch in der Situation selbst vereinbart werden. Das ist heute einfacher denn je. Jeder von uns hat ein Handy mit einer Kalenderfunktion. Insofern ist das Finden eines gemeinsamen Termins eine reine, unkomplizierte Formsache. Argumente wie »Mir fehlt die Zeit«, »Wir haben aktuell so viel zu tun« oder »Lass uns den nächsten Monat ins Auge fassen« sind Ausreden und nichts anderes. Wenn ich es nicht schaffe, einen Termin zu vereinbaren bzw. auszuwählen, dann liegt das daran, dass mir das Gespräch nicht wichtig ist. Das ist der einzige Grund. Also hören wir doch auf, fein säuberlich Ausreden dafür zu erfinden, warum wir uns nicht treffen (wollen).

Eine verbindliche Kommunikation setzt Ehrlichkeit voraus. Wenn ich mich mit jemandem treffen möchte, dann finde ich einen Termin. Wenn ich mich nicht mit der Person treffen möchte, dann sollte ich dies offen kommunizieren. Wir sind alle keine Schauspieler, also hören wir auf, dem anderen etwas vorzuspielen.

> Ich habe seit vielen Jahren einen Leitsatz: »Ich kann mit einem Nein leben, aber ich möchte es hören.« Das gebietet der Respekt, die Wertschätzung meines Gesprächspartners. Übrigens Eigenschaften, die man haben kann, auch wenn man sich nicht mit jemandem treffen möchte.

Warum sind wir in vielen Gesprächen, die wir nicht führen wollen, so salopp und unverbindlich? Warum fällt es uns so schwer, die Wahrheit zu sagen? Ganz einfach, weil es uns im Inneren unangenehm ist. Weil wir unser Gegenüber nicht verletzen wollen. Hier meldet sich gerade unser Mitgefühl, unser Herz und unser (schlechtes) Gewissen. Mit Letzterem beginnen ja dann auch viele Sätze, wenn man sich nach einiger Zeit, oft rein zufällig, wiedersieht. Sicherlich kennen Sie solche Floskeln, wie »Es ist mir sehr unangenehm …«, »Ich habe ein ganz schlechtes Gewissen …« oder »Asche auf mein Haupt«. Wir fühlen uns ertappt und versuchen, nun die Situation irgendwie zu retten, manchmal mit gespieltem Humor.

Also kommen wir mit der nächsten Lüge um die Ecke, um die möglichen Wogen noch einmal zu glätten oder gerade so die Kurve zu kriegen. Das anschließende »Puh, gerade nochmal gut gegangen«, bekommt unser Gegenüber nicht mehr mit. Ist auch gut so.

Wenn Sie Nein sagen möchten
Wenn Sie sich nicht mit jemandem treffen möchten, wenn Sie mit einer Person oder einem Unternehmen keine Geschäfte machen wollen, wenn Sie ein Gespräch über ein Thema nicht interessiert, dann sagen Sie es bitte. Jetzt werden viele wieder denken: »Ich möchte doch nicht unhöflich sein oder den anderen vor den Kopf stoßen.« Hierzu darf ich Ihnen sagen, dass es nicht unhöflich ist abzusagen. Keiner kann zu allem Ja sagen oder für alles zur Verfügung stehen, so ist das Leben nicht und so wird es niemals sein. Also sagen Sie Nein. Ein kurzer klarer Satz, zum Beispiel »War schön, dass wir uns mal wieder gesehen haben, ich wünsche Dir alles Gute«. So oder so ähnlich könnte ein Satz lautet. Und mit einer Abschlussformel wie »Ich wünsche Dir alles Gute« ist doch alles gesagt. Genauso ist es, wenn Sie kein Interesse an einem Produkt, einer Dienstleistung oder einem Verkaufsgespräch haben. Sagen Sie doch einfach: »Vielen Dank, jedoch habe ich hieran kein Interesse. Ich wünsche Ihnen viel Erfolg.«

Und lassen Sie sich um Gotteswillen nicht auf weitere Fragetechniken des Gesprächspartners ein. Ihr Nein bedeutet Nein und nicht »**N**och **e**ine **I**nformation **n**achlegen«.

Wenn Sie Nein sagen möchten, dann bauen Sie bitte zwei wertschätzende, anerkennende Aussagen um Ihre Entscheidung herum. Dann passt es und ist endgültig.
1. Wertschätzung der Person
2. Ihre Entscheidung
3. Wunsch für die Zukunft (wie im Arbeitszeugnis)

Hierzu möchte ich Ihnen drei Formulierungsvorschläge mit auf den Weg geben. Sie können diese natürlich nach Gusto variieren oder verändern oder ganz neu aufbauen.

Drei Formulierungsvorschläge für ein höfliches Nein

- »Vielen Dank für Ihr Engagement, ich möchte das Thema nicht weiterverfolgen. Ihnen alles Gute.«
- »Ich verstehe Ihren Standpunkt, wir arbeiten jedoch nicht mit diesem System. Viel Erfolg Ihnen.«
- »Sie haben das sehr gut erläutert, wir haben hieran leider keinen Bedarf. Vielen Dank und gute Geschäfte.«

Sie waren höflich, haben klar gemacht, dass Sie kein Interesse haben, und haben sich freundlich verabschiedet. Alles gut.

Sofern Ihr Gegenüber nachhakt und versucht, doch noch einen Treffer zu landen, wiederholen Sie – wie oben bereits erwähnt – Ihre Entscheidung ein weiteres Mal. Danach verabschieden Sie sich höflich und beenden das Gespräch.

Meine Empfehlung

Bitte machen Sie sich keine Gedanken, was der andere nun denken könnte oder wie es ihm geht und wie er die Absage aufnimmt. Das ist nicht Ihr Thema und noch weniger Ihr Problem. Das mag jetzt etwas hart klingen, aber so ist das eben. Schließen Sie die Sache für sich ab, nicht für andere. Das ist nicht Ihre Aufgabe und liegt somit auch nicht in Ihrer Verantwortung. Sie haben für sich eine Entscheidung getroffen und diese muss Ihr Gegenüber akzeptieren, auch wenn er sie möglicherweise nicht versteht und sich nicht erklären kann, warum Sie dieses tolle Produkt oder die hervorragende Dienstleistung nicht in Anspruch nehmen oder zumindest einmal kennenlernen wollen. Abhaken bitte.

3 Die besonderen Gewürze für Ihre Kommunikation

Oder: »Die Sprache ist die Würze des Lebens.« (Johann Wolfgang von Goethe)
Als großer Freund der Sprache und Kommunikation erlaube ich mir, Ihnen in diesem Kapitel zehn »Gewürze« vorzustellen, also Zutaten, die Ihre (Business-)Gespräche noch schmackhafter, intensiver, kräftiger, feiner, aromatischer und bekömmlicher, manchmal jedoch auch verderblich und ungenießbar machen können.

»Geist ist die Würze der Konversation, nicht die Speise.« (William Hazlitt)

Aji-Charapita-Chili – die Rhetorik

Sollten Sie sich gerade über den zungenbrecherischen Namen des Gewürzes wundern, dann darf ich Ihnen verraten, dass das Aji-Charapita-Chili das aktuell teuerste Gewürz der Welt ist. Welche Rolle es in diesem Kapitel spielt, erfahren Sie auf den kommenden Seiten.

Was ist Rhetorik? Zusammengefasst die Kunst, die Feinheit und die Raffinesse der überzeugenden Kommunikation. Die Wurzeln der Rhetorik reichen weit zurück in die Antike, insbesondere ins alte Griechenland, wo sie als eine der wichtigsten Fähigkeiten für Staatsmänner, Redner und Philosophen galt. Rhetorik umfasst nicht nur das gesprochene Wort, sondern auch die Kunst des Schreibens und der nonverbalen Kommunikation, einschließlich der Körpersprache, Mimik und Gestik. Hier sind einige Gründe, warum Rhetorik für eine wirkungsvolle, erfolgreiche Kommunikation unerlässlich ist:

Überzeugungskraft
Rhetorik ermöglicht es, Ideen und Argumente auf eine überzeugende und einprägsame Weise zu präsentieren. Dies ist von entscheidender Bedeutung, um Menschen von Ihren Ideen zu überzeugen, sei es in der Politik, im Geschäftsleben oder in persönlichen Beziehungen. Wohl dem, der die Rhetorik so beherrscht, dass er als angenehmer Gesprächspartner und nicht als arroganter Typ angesehen wird. Die Überzeugungskraft gehört zu den wichtigsten Werkzeuge der guten Kommunikation. Im besten Fall können Sie damit Welten bewegen.

Einflussnahme
Die Fähigkeit, Menschen zu beeinflussen, ist ein wesentlicher Aspekt der Rhetorik. Ein rhetorisch geschickter Sprecher kann die Meinungen, Einstellungen und Handlungen anderer Menschen beeinflussen, um bestimmte Ziele zu erreichen. Allerdings warne ich davor, die Rhetorik für negative, schädliche Ziele zu nutzen. Ich bitte darum, mit dieser Gabe nicht die eigenen Meinungen und Vorstellungen anderen aufzuzwingen. Dies könnte fatale Folgen haben, wie die Vergangenheit häufig gezeigt hat und wie man es heute leider immer wieder erleben muss.

Klarheit
Rhetorik hilft, komplexe Ideen und Informationen klar und verständlich darzustellen. Dies ist besonders wichtig in Bildungseinrichtungen, bei wissenschaftlichen Präsentationen und in der Geschäftskommunikation. Hier gilt es ganz besonders, sich nicht nur selbst Klarheit oder ein »klares Bild« zu verschaffen, sondern genau diese Klarheit auch anderen zu vermitteln und zugänglich zu machen. Hören Sie, liebe Leserinnen und Leser, auf Lee Iacocca: »Ein Redner kann sehr gut informiert sein, aber wenn er sich nicht genau überlegt hat, was er heute diesem Publikum mitteilen will, dann sollte er darauf verzichten, die wertvolle Zeit anderer Leute in Anspruch zu nehmen.«

Emotionaler Appell
Rhetorik ermöglicht es, Emotionen in der Kommunikation gezielt zu nutzen. Ein erfahrener Rhetoriker kann Mitgefühl, Begeisterung oder Empörung wecken, um eine tiefere Verbindung zu seinem Publikum herzustellen. Solange dieser Appell ehrlich, aus tiefster Überzeugung erfolgt, ist er echt und verdient es, gehört zu werden, auch wenn die Meinungen auseinandergehen und selbstverständlich nur, wenn niemand dabei beleidigt, verletzt oder, erlauben Sie mir bitte diesen Zusatz, für dumm verkauft wird.

Selbstbewusstsein
Die Beherrschung der Rhetorik stärkt das Selbstbewusstsein und das Selbstvertrauen. Rhetorik erlaubt Ihnen, in verschiedenen Lebensbereichen selbstsicherer aufzutreten und besser auf unerwartete Kommunikationssituationen zu reagieren. Stark, motiviert und bestimmt. Aber auch einprägsam in unserer schnelllebigen Zeit.

Effektive Führung
Führungskräfte, die die Prinzipien der Rhetorik beherrschen, sind in der Lage, Teams und Organisationen effektiver zu leiten. Sie können klare Visionen vermitteln und ihre Mitarbeiterinnen und Mitarbeiter motivieren. Sie sorgen für Aufmerksamkeit und Verständlichkeit und bieten somit einen großen Mehrwert. Die Anerkennung der Mitarbeiterinnen und Mitarbeiter ist Ihnen fast sicher, wenn auch der Typus, also die Führungspersönlichkeit, stimmt.

Kritisches Denken
Rhetorik fördert das kritische Denken, da sie die Fähigkeit entwickelt, Argumente zu analysieren, Widersprüche aufzudecken und sachliche Diskussionen zu führen.

In der heutigen Welt, in der die Kommunikation durch Technologie und soziale Medien immer schneller und weitreichender geworden ist, bleibt die Kunst der Rhetorik von entscheidender Bedeutung. Ein Rhetorikexperte vermag es, auch in einer lauten und von Informationen überfluteten Welt gehört zu werden und tiefgreifende Veränderungen herbeizuführen.

> **Mein Fazit**
>
> Rhetorik ist die Schlüsselkompetenz, um Ideen zu verbreiten, Menschen zu bewegen und Verbindungen herzustellen. Sie ist ein Werkzeug, das nicht nur die Qualität unserer Kommunikation verbessert, sondern auch unsere Fähigkeit, die Welt um uns herum zu gestalten. Daher ist Rhetorik in der Kommunikation von unschätzbarem Wert und sollte von jedem, der in der Lage sein möchte, seine Botschaft effektiv zu vermitteln, beherrscht werden.

Salz und Pfeffer – das Oxymoron

Ein Oxymoron ist eine rhetorische Figur, die aus der Verbindung zweier scheinbar widersprüchlicher oder gegensätzlicher Begriffe besteht, wie zum Beispiel »bittersüß«, das »vorläufige Endergebnis«. Sicherlich kennen auch Sie ein »offenes Geheimnis« oder wurden auch einmal als »alter Knabe« bezeichnet. Vielleicht haben Sie in Ihrer Kindheit gar mit der berühmten »Holzeisenbahn« gespielt. Manchmal ist halt »weniger mehr«.

In der Kommunikation können wir ähnliche Widersprüche und Gegensätze finden, die unsere Aussagen und Handlungen manchmal komplexer und nuancierter machen. Wenn wir zum Beispiel sagen, dass wir »leise schreien« oder »offen geheim halten«, verwenden wir eine Form der sprachlichen Ironie oder Paradoxie, um die Bedeutung unserer Worte zu verstärken oder zu verändern.

In der zwischenmenschlichen Kommunikation können Oxymora auch helfen, unsere Emotionen und Gedanken auszudrücken, indem wir auf subtile Weise Widersprüche in unseren Aussagen transportieren. Indem wir zum Beispiel sagen, dass wir »glücklich unglücklich« sind, bringen wir unsere Ambivalenz oder Unsicherheit zum Ausdruck.

Darüber hinaus können Oxymora auch in der Werbung und im Marketing eingesetzt werden, um Aufmerksamkeit zu erregen oder ein Produkt oder eine Dienstleistung als einzigartig oder innovativ zu präsentieren. Ein Beispiel hierfür ist der Slogan »mildwürzig« für Chips oder »kalt-heiß« für Duschgel.

> **Mein Fazit**
> Mit der rhetorischen Figur des Oxymorons lässt sich unsere Kommunikation auf vielfältige und kreative Weise verbessern. Sie kann helfen, unsere Aussagen und Emotionen zu vermitteln, Aufmerksamkeit zu erregen und unsere Sprache und Gedanken komplexer und nuancierter zu gestalten.

Zucker und Honig – das Simile

Ein Simile (auch Vergleich genannt) ist ein rhetorisches Stilmittel, das häufig in der Literatur und in der Alltagskommunikation verwendet wird, um eine Verbindung zwischen zwei unterschiedlichen Dingen oder Ideen herzustellen. Es wird oft genutzt, um komplexe oder abstrakte Konzepte verständlicher zu machen, indem ein bekanntes oder konkreteres Objekt oder Ereignis als Vergleich herangezogen wird.

In der Kommunikation ist es besonders wichtig, ein Publikum zu erreichen und zu überzeugen. Oft ist es jedoch schwierig, komplexe Ideen oder Konzepte verständlich zu machen. Ein Simile kann hierbei eine wichtige Rolle spielen, indem es eine Verbindung zwischen der Idee und einem konkreten Objekt oder Ereignis herstellt, das für das Publikum dann leichter zu verstehen ist. Ein gut gewählter Vergleich (Simile) kann auch Emotionen oder Bilder hervorrufen, die helfen können, eine abstrakte Idee zu veranschaulichen und somit das Interesse und die Aufmerksamkeit des Publikums zu steigern.

Hier sind fünf sehr eindrucksvolle Beispiele:
1. »Sie war so schnell wie eine Gazelle.« Diese Aussage beschreibt die Schnelligkeit einer Person und stellt eine Verbindung zwischen dieser Eigenschaft und einem Tier her, das für seine Geschwindigkeit bekannt ist.
2. »Seine Worte waren wie Gift für meine Ohren.« Diese Aussage beschreibt eine negative Erfahrung und vergleicht die Worte einer Person mit einer giftigen, für den Körper schädlichen Substanz.
3. »Das Haus war so ruhig wie ein Friedhof.« Diese Aussage beschreibt die Stille eines Hauses und stellt eine Verbindung zwischen dieser Eigenschaft und der Todesstille eines Friedhofs her, der für seine Ruhe und Friedlichkeit bekannt ist.
4. »Die Sonne war so heiß wie ein brennendes Feuer.« Diese Aussage beschreibt die Hitze der Sonne und stellt eine Verbindung zwischen dieser Eigenschaft und einem brennenden Feuer her, das für Hitze und Intensität steht.
5. »Die Augen leuchteten wie Sterne in einer klaren Nacht.« Diese Aussage beschreibt das Leuchten der Augen einer Person und stellt eine Verbindung zwischen dieser Eigenschaft und dem Leuchten von Sternen in einer klaren Nacht her, dass Schönheit und Helligkeit vereint.

> **Mein Fazit**
>
> Ein Simile bzw. Vergleich kann in der Kommunikation ein sehr wirksames Werkzeug sein, um eine Botschaft oder eine Idee effektiver zu vermitteln. Ein gut gewählter Vergleich kann dabei helfen, komplexe Konzepte zu vereinfachen, Emotionen hervorzurufen und das Interesse und die Aufmerksamkeit des Zuhörers zu steigern.

Ingwer – die Ironie

Lassen Sie mich Ihnen aus meiner Sicht erklären, was Ironie ist und warum sie in der Kommunikation eine wichtige Rolle spielt.

Ironie ist eine Form der Sprache, bei der der wörtliche Sinn einer Äußerung das Gegenteil dessen bedeutet, was der Sprecher tatsächlich meint. Ironie ist oft humorvoll und kann genutzt werden, um Kritik zu üben, Widersprüche aufzuzeigen oder um eine versteckte Botschaft zu vermitteln. Ironie kann sowohl in mündlicher als auch in schriftlicher Form verwendet werden und erfordert oft Kontext und Interpretation.

Zur Veranschaulichung fünf Beispiele für Ironie:
1. Ein Mann, der in einer Warteschlange steht und sagt: »Ich liebe es, stundenlang zu warten!« – Hier liegt die Ironie in dem Widerspruch zwischen dem, was der Mann sagt, und dem, was er tatsächlich fühlt.
2. Eine Person, die bei Regenwetter sagt: »Oh, wie schön, dass es heute regnet!« – Hier liegt die Ironie in der Tatsache, dass viele Menschen Regenwetter als unangenehm empfinden, aber die Person das Gegenteil behauptet.
3. Ein Unternehmen, das seine Mitarbeiter entlässt, während es zugleich von »unsere wertvollsten Mitarbeiter« spricht. – Hier liegt die Ironie in dem Widerspruch zwischen dem, was das Unternehmen sagt, und dem, was es tatsächlich tut. In diesem Fall handelt es sich allerdings um eine unfreiwillige Ironie.
4. Ein Raucher, der zu einem anderen Raucher sagt: »Rauchen ist so gesund für Dich!« – Hier liegt die Ironie in dem Widerspruch zwischen den Worten des Rauchers und den von (fast) niemanden mehr bestrittenen schädlichen Folgen des Rauchens.
5. Ein Büromitarbeiter sagt zu seiner Kollegin: »Es macht mir gar nichts aus, dass ich den ganzen Tag im Archiv Ablage machen muss.« – Die Ironie liegt darin, dass kaum jemand gerne Ablage macht und dieser Büromitarbeiter sicherlich auch nicht.

Ironie kann in der Kommunikation sehr wichtig sein, wenn sie dazu beiträgt, Konflikte abzuschwächen, eine Botschaft auf humorvolle Weise zu vermitteln und das Interesse des Publikums zu wecken. Ironie kann auch eingesetzt werden, um eine kritische Haltung auszudrücken, ohne direkt zu beleidigen oder anzugreifen.

Mein Fazit

Ironie ist eine Form der Sprache, bei der der Wortlaut das Gegenteil dessen ausdrückt, was der Sprecher tatsächlich meint. In der Ironie wird das Gegenteil gesagt, um das Gemeinte zu verstärken. Sie kann humorvoll sein und genutzt werden, um Kritik auszudrücken, Widersprüche aufzuzeigen oder eine versteckte Botschaft zu vermitteln. Ironie ist in der Kommunikation sehr wichtig, wenn sie dazu beiträgt, Konflikte abzuschwächen und das Interesse des Publikums zu wecken.

Chili – der Sarkasmus

Sarkasmus ist eine Form der ironischen Aussage, bei der der Sprecher das Gegenteil dessen sagt, was er tatsächlich meint, um eine Botschaft mit einem ganz besonderen Hintergrund zu übermitteln. Es ist ein Stilmittel, das oft verwendet wird, um Humor, Ironie und Kritik in der Kommunikation auszudrücken. Sarkasmus kann sowohl schriftlich als auch mündlich ausgedrückt werden und hat oft eine scharfe und zynische Note.

Warum ist Sarkasmus in der Kommunikation manchmal sehr wichtig? Sarkasmus kann in vielen Situationen hilfreich sein, insbesondere wenn man Kritik üben oder seine Unzufriedenheit ausdrücken möchte, ohne direkt konfrontativ zu sein. Sarkasmus kann auch verwendet werden, um eine komplizierte Botschaft auf eine einfache und humorvolle Weise zu vermitteln, um Missverständnisse zu vermeiden. Er kann auch dazu beitragen, die Aufmerksamkeit der Zuhörer zu gewinnen und das Interesse am Gesprächsthema zu erhöhen.

Hier sind fünf Beispiele für den Einsatz von Sarkasmus:
1. Wenn Sie sich über jemanden lustig machen wollen, der ständig zu spät kommt, könnten Sie sagen: »Oh, Du bist ja wieder pünktlich wie immer.«
2. Wenn Sie von einem Freund nach einem missglückten Date gefragt werden, könnten Sie sagen: »Es war großartig, ich habe meine Zeit damit verbracht, jemandem zuzuhören, der sich selbst gerne reden hört.«
3. Wenn Sie von Ihrem Chef nach Ihrer Meinung zu einem schlecht geplanten Projekt gefragt werden, könnten Sie sagen: »Ja, es ist eine großartige Idee, das in letzter Minute zu ändern. Lass uns die ganze Arbeit noch einmal machen.«
4. Wenn Sie mit einer Verkäuferin sprechen, die versucht, Ihnen etwas zu verkaufen, was Sie nicht wollen, könnten Sie sagen: »Oh, Sie haben mich überzeugt. Ich werde das unbedingt kaufen, auch wenn ich es nicht brauche.«
5. Wenn jemand offensichtlich lügt, könnten Sie sagen: »Natürlich glaube ich Dir. Wer braucht schon Wahrheit und Ehrlichkeit in einer Beziehung?«

Mein Fazit

Sarkasmus ist ein mächtiges Werkzeug in der Kommunikation, wenn er in angemessener Weise eingesetzt wird. Sarkasmus kann dazu beitragen, komplexe Themen auf eine humorvolle und verständliche Weise zu vermitteln, Kritik auszudrücken und Missverständnisse zu vermeiden. Es ist jedoch wichtig zu bedenken, dass Sarkasmus auch verletzend sein kann, wenn dieses sprachliche Mittel falsch eingesetzt wird, insbesondere wenn die beabsichtigte Ironie nicht verstanden wird. Deshalb sollte Sarkasmus mit Bedacht und Empathie eingesetzt werden, um seine Vorteile voll ausschöpfen zu können.

Muskatnuss – das Paraphrasieren

Das Paraphrasieren in der Kommunikation ist nicht nur auf der Führungsebene von entscheidender Bedeutung, also genau dort, wo Präzision und Verständnis von größter Wichtigkeit sind. Sondern in der gesamten Business-Kommunikation und auch darüber hinaus.

Das Paraphrasieren in der Kommunikation hat viele Vorteile:
1. **Paraphrasieren steht für Klarheit und Verständnis:** Es hilft, Missverständnisse und Spekulationen zu vermeiden. Dadurch, dass Sie eine Nachricht in eigenen Worten wiederholen, stellen Sie sicher, dass Sie die Aussage und deren Inhalt verstanden und korrekt interpretiert haben. Dies ist besonders wichtig in internationalen Unternehmen, in denen auch kulturelle Unterschiede die Kommunikation beeinflussen können.
2. **Überprüfung von Informationen:** Im heutigen Business ist es oft entscheidend, dass Informationen exakt verstanden werden. Schöne Beispiele hierfür sind Vertragsverhandlungen oder strategische Diskussionen. Durch das Paraphrasieren wird sichergestellt, dass alle Parteien das gleiche Verständnis haben.
3. **Betonung der Wertschätzung:** Wenn heute in wichtigen Gesprächen und Diskussionen Führungskräfte paraphrasieren, signalisieren sie Respekt und Anerkennung für ihre Gesprächspartner. Dies trägt zur Erzeugung einer positiven Gesprächsatmosphäre bei und fördert die zwischenmenschlichen Beziehungen.
4. **Förderung des aktiven Zuhörens:** Paraphrasieren fördert das aufmerksame Zuhören und das damit im besten Fall erzielte Verständnis. Dadurch kann man sich voll und ganz auf den Sprecher konzentrieren. Dies ist für mich die Schlüsselkompetenz für erfolgreiche Führungskräfte.
5. **Empathie kommunizieren:** Durch das Paraphrasieren können Führungskräfte ihre Empathie zeigen. Sie drücken aus, dass sie die Gefühle und Perspektiven ihrer Gesprächspartner verstehen und respektieren. Ein unbedingter Mehrwert in der täglichen Kommunikation, in jeder Art der niveauvollen Kommunikation.
6. **Risikomanagement:** In sensiblen oder heiklen Situationen kann das Paraphrasieren helfen, potenzielle Konflikte zu minimieren oder sie, wie man so schön sagt, »im Keim zu ersticken«. Unsicherheiten oder Unklarheiten können so frühzeitig angesprochen werden, bevor sich Probleme entwickeln.
7. **Effektiv führen:** Führungskräfte sind oftmals Vorbilder für ihre Teams. Zumindest sollten sie es sein. Indem sie das Paraphrasieren in ihrer eigenen Kommunikation integrieren und ausüben, ermutigen sie auch ihre Mitarbeiterinnen und Mitarbeiter, dies zu tun. Das Ergebnis: Eine bessere Kommunikation im gesamten Unternehmen.

Mein Fazit

Das Paraphrasieren in der Kommunikation ist ein wichtiges, nicht selten entscheidendes rhetorisches Werkzeug für erfolgreiche Führungskräfte und Unternehmen. Missverständnisse können so vermieden, Vertrauen kann aufgebaut und effektive Beziehungen geschaffen werden. Es trägt so dazu bei, die Herausforderungen der heutigen globalen Geschäftswelt zu bewältigen und den langfristigen Erfolg sicherzustellen.

Erlauben Sie mir, mit einem, wie ich meine, treffenden Zitat von Antoine de Saint-Exupéry zu enden: »Die Kunst des Paraphrasierens liegt darin, nicht nur Worte, sondern auch Gedanken zu verstehen.«

Sojasauce – das Polarisieren

Das Polarisieren in der Kommunikation ist ein komplexes Thema und erfordert besondere Vorsicht und Fingerspitzengefühl, insbesondere auf höchster Führungsebene. Auf den folgenden Seiten erläutere ich, warum das gezielte Polarisieren in der Kommunikation in bestimmten Situationen und Kontexten von Bedeutung sein kann:

1. **Deutliche Positionierung:** In einigen Fällen ist es entscheidend, eine klare Position zu beziehen, um das eigene Unternehmen oder die eigene Marke zu differenzieren. Durch das bewusste Betonen von Unterschieden in der Kommunikation kann man sich von Mitbewerbern abheben und die Einzigartigkeit betonen.
2. **Mobilisierung von Unterstützung:** Bei der Einführung neuer Ideen oder Strategien kann das Polarisieren dazu beitragen, Unterstützung von Schlüsselakteuren zu gewinnen. Es kann Menschen motivieren, sich aufgrund ihrer Überzeugungen und Werte für eine Sache oder Idee einzusetzen.
3. **Debatten und Diskussionen anregen:** Polarisierende Kommunikation kann dazu beitragen, wichtige Debatten und Diskussionen in Gang zu setzen. Dies ist in bestimmten Branchen und in der Politik oft der Fall, um auf drängende Fragen aufmerksam zu machen und Veränderungen herbeizuführen.
4. **Markenidentität und -loyalität:** In der Markenkommunikation kann das Hervorheben von polarisierenden Themen dazu beitragen, die Loyalität der Kunden zu stärken. Menschen identifizieren sich oft stärker mit Marken, die ihre eigenen Überzeugungen und Werte widerspiegeln.
5. **Krisenmanagement:** In Krisensituationen kann es notwendig sein, eine polarisierende Kommunikationsstrategie zu verfolgen, um die Aufmerksamkeit auf bestimmte Aspekte der Krise zu lenken und die Verantwortlichkeiten klar festzulegen.

Allerdings ist es wichtig zu betonen, dass das Polarisieren in der Kommunikation auch erhebliche Risiken birgt, insbesondere in einer Zeit, in der die öffentliche Meinung und das soziale Bewusstsein immer sensibler auf zugespitzte oder kontroverse Äußerungen reagieren. Führungskräfte und Unternehmen sollten vorsichtig sein und sicherstellen, dass sie die möglichen Folgen ihres Handelns sorgfältig abgewogen und dabei ethische Grundsätze und langfristige Ziele des Unternehmens berücksichtigt haben.

> **Mein Fazit**
>
> Insgesamt kann das Polarisieren in der Kommunikation in bestimmten Kontexten von Nutzen sein, sollte jedoch stets mit Bedacht und Verantwortung eingesetzt werden, um die langfristige Reputation und den Unternehmenserfolg zu schützen.

Das Curry – die Hyperbel

Die Verwendung von Hyperbeln, die rhetorische Figur der Übertreibung, in der geschäftlichen Kommunikation kann von unschätzbarem Wert sein, da sie dazu beiträgt, Botschaften zu verstärken, Aufmerksamkeit zu erregen und die Bedeutung von Informationen zu betonen. Lesen Sie hier einige Gründe, warum Hyperbeln in der Geschäftskommunikation so wichtig und positiv wirkungsvoll sind:

1. **Hervorhebung von Wichtigkeit:** Hyperbeln erzeugen einen dramatischen Effekt und können dazu verwendet werden, die Wichtigkeit eines Themas oder einer Aussage zu unterstreichen. Indem Sie eine Information etwa als »die größte Chance des Jahrhunderts« beschreiben, vermitteln Sie Ihren Stakeholdern, dass dies wirklich von enormer Bedeutung ist.
2. **Einprägsamkeit:** Durch die Verwendung von übertriebenen Ausdrücken, Superlativen oder Metaphern bleiben Ihre Botschaften leichter im Gedächtnis Ihrer Zuhörer. Das kann in Verhandlungen oder Präsentationen entscheidend sein, um sicherzustellen, dass Ihre Informationen nicht übersehen werden.
3. **Emotionale Verbindung:** Hyperbeln können starke emotionale Reaktionen hervorrufen, da sie oft mit Leidenschaft und Begeisterung verbunden sind. Dies kann dazu beitragen, Kunden, Mitarbeiterinnen oder Partner zu motivieren und eine tiefere Verbindung zu ihnen herzustellen.
4. **Differenzierung:** In der heutigen Geschäftswelt ist es oft schwierig, aus der Masse hervorzustechen. Mithilfe von Hyperbeln können Sie Ihre Kommunikation von der Ihrer Mitbewerber abheben und so dazu beitragen, dass Sie in Erinnerung bleiben.
5. **Überzeugungskraft:** Die Verwendung von Hyperbeln kann Ihre Überzeugungskraft steigern. Wenn Sie beispielsweise sagen, dass Ihr Produkt »absolut unschlagbar« ist, vermitteln Sie Vertrauen und Selbstbewusstsein, was Ihre Glaubwürdigkeit stärken kann.
6. **Klarheit und Verständnis:** Hyperbeln können komplizierte Konzepte vereinfachen, indem sie etwas zugespitzt und in extremen Termini darstellen. Dies kann dazu beitragen, sicherzustellen, dass Ihre Zielgruppe die Kernbotschaft versteht.

Meine Empfehlung

Es ist wichtig, Hyperbeln in Maßen und mit Bedacht zu verwenden. Wenn sie übermäßig eingesetzt werden, können sie ihre Wirkung verlieren, sich abnutzen und als unglaubwürdig empfunden werden. Eine ausgewogene und strategische Verwendung von Hyperbeln ist entscheidend, um in der Geschäftskommunikation positive Effekte zu erzielen. In jedem Fall sollten Hyperbeln auf die spezifischen Bedürfnisse und Erwartungen Ihrer Zielgruppe zugeschnitten sein, um maximale Wirkung zu erzielen.

Die Muskatnuss – die Agitation

Wie lecker schmeckt manches Essen mit einer Prise gemahlenem Muskat. Aber wussten Sie, dass der Verzehr von drei Muskatnüssen bei einem Erwachsenen lebensgefährlich ist? Die Agitation ist in der Regel nicht lebensbedrohlich, jedoch kann sie zu einer anderen Form der Bedrohung werden. Denn wenn man sie nutzt, sollte man dies mit Bedacht tun und sich der möglichen Wirkung wohl bewusst sein.

Ich warne vor dieser Art der Kommunikation und Argumentation, denn sie ist sehr manipulativ und zwingt nicht selten Meinungen und Denkweisen auf, die zwar falsch sind, jedoch trotzdem durchgesetzt werden wollen. Hierfür werden oft Positionen, Ämter und Stellungen missbraucht und dies ist sehr gefährlich.

Die Agitation in der Kommunikation kann eine wichtige Rolle spielen, ist jedoch auch mit Risiken verbunden. In welchen Bereichen kann die Agitation eine wichtige Rolle spielen? Lesen Sie hierzu drei Beispiele:

1. **Mobilisierung von Menschen**: Einer der wichtigsten Gründe, die Agitation als rhetorisches Mittel einzusetzen, ist die Mobilisierung von Menschen. Hier kann sie dazu beitragen, Menschen zu motivieren, zu mobilisieren und sie für eine gemeinsame Sache oder Idee zu gewinnen und zu begeistern. Wir erleben dies tagtäglich in der Politik. Hier kann ein politischer Redner, der leidenschaftlich und überzeugend für eine bestimmte Sache oder Agenda wirbt, einen Menschen dazu bringen, sich ebenfalls politisch zu interessieren, vielleicht sogar zu engagieren und für diese Agenda einzutreten.
2. **Erregung von Aufmerksamkeit**: Durch die Verwendung von provokanten, fordernden oder emotional bewegenden Botschaften ist die Agitation in der Lage, Aufmerksamkeit zu erregen. Im Business führt dies dazu, dass ein Produkt oder eine Marke im Gedächtnis der Verbraucher bleibt. Durch die Agitation ist es möglich, auf Themen und Sachverhalte gezielt hinzuweisen und Mitmenschen dazu zu animieren, sich intensiv damit auseinanderzusetzen.
3. **Veränderung von Meinungen und Einstellungen**: Agitation kann dazu beitragen, Meinungen und Einstellungen zu verändern. Eine inspirierende Person, eine Führungskraft oder ein Redner zum Beispiel kann Menschen dazu anregen, über Themen oder ihre Überzeugungen nachzudenken und diese möglicherweise zu überdenken oder gar zu verändern.

Das sind die positiven Seiten der Agitation. Hier nun die negativen Aspekte, die potenzielle Gefahren in sich bergen.

1. **Polarisierung und Konflikte**: Agitation kann dazu führen, dass Menschen sich in ihren Ansichten verhärten, verschließen und polarisieren. Dies kann zu Konflikten und Spaltungen führen, gerade dann, wenn die Agitation missbräuchlich dazu eingesetzt wird, Personen oder Gruppen gegeneinander aufzuhetzen. Agitation und

Polarisierung sind gleichermaßen sehr gefährliche Instrumente in der Kommunikation. Sie setzen das Ego über alles und verursachen somit starke Konflikte, da sie weder Meinungsfreiheit noch die freie Denkweise akzeptieren. Ganz im Gegenteil, sie bekämpfen sie nicht selten.
2. **Fehlinformation und Manipulation:** Agitation kann dazu verwendet werden, falsche oder irreführende Informationen zu verbreiten, um die Meinungen der Menschen zu beeinflussen. Dies ist in der Politik und in der Medienlandschaft besonders gefährlich, weil es die öffentliche Meinung manipulieren kann. In unserer gegenwärtigen Gesellschaft haben wir stark mit diesen Themen zu kämpfen. Sie begegnen uns täglich und es ist kaum möglich, sich vor ihnen zu verschließen oder sie zu ignorieren. Darin liegt eine Form des »Machtmissbrauchs«, der für jede Kommunikation eine große Gefahr bedeutet.
3. **Kurzfristige Wirkung, langfristige Folgen:** Agitation kann auf jeden Fall kurzfristige Aufmerksamkeit erregen, aber langfristig zu einem Vertrauensverlust führen, nämlich dann, wenn die Menschen erkennen, dass sie manipuliert, hintergangen, übervorteilt oder überredet wurden. Dies kann sich negativ auf die Glaubwürdigkeit und die langfristigen Beziehungen in der Kommunikation auswirken und diese vollends zunichtemachen.

Der Schuss Würzmischung – deskriptive Kommunikation

Das Stilmittel des Deskriptivismus, die beschreibende Rede, ist in der Kommunikation von entscheidender Bedeutung, da es dazu beiträgt, Informationen klar und präzise beschreibend zu vermitteln. Lesen Sie hier einige Gründe und Beispiele dafür, warum Deskriptivismus so hilfreich für die Kommunikation ist:
1. **Verständnis fördern:** Deskriptive Kommunikation hilft den Menschen, Informationen besser zu verstehen. Wenn wir Zusammenhänge klar und anschaulich beschreiben, werden Missverständnisse minimiert. Beispiel: Anstelle von »Es ist kalt draußen« ist der Satz »Die Temperatur beträgt 5 Grad Celsius, und es schneit leicht« eine präzise deskriptive Aussage.
2. **Präzision und Klarheit:** Deskriptive Sprache ermöglicht es, genaue und klare Informationen zu vermitteln. Statt vager Aussagen wie »Das Projekt läuft nicht gut«, könnte man sagen: »Das Projekt hat bislang nur 30 % der geplanten Meilensteine erreicht, und wir liegen drei Wochen hinter dem Zeitplan.«
3. **Vermittlung von Emotionen:** Deskription kann auch dazu beitragen, Emotionen effektiver zu vermitteln. Beispiel: Anstatt einfach zu sagen »Ich bin traurig« könnte man sagen »Ich fühle mich niedergeschlagen und einsam.«
4. **Effektive Anleitungen und Anweisungen:** In der Bildung und in beruflichen Kontexten ist deskriptive Kommunikation wichtig, um klare Anleitungen und Anweisungen zu geben.

Wenn Sie jemandem erklären, wie man einen komplizierten Vorgang durchführt, ist es wichtig, jeden Schritt ausführlich zu beschreiben, um Missverständnisse zu vermeiden.
5. **Wissenschaftliche Kommunikation:** In der Wissenschaft ist Deskriptivismus von entscheidender Bedeutung. Wissenschaftler müssen ihre Forschungsergebnisse und Methoden klar und präzise beschreiben, damit andere Wissenschaftler ihre Arbeit verstehen und in ihrer Forschung auf sie antworten können. Unklare oder ungenaue Beschreibungen könnten zu Fehlinterpretationen führen.

In meinen folgenden Publikationen möchte ich ausführlich darauf eingehen, wie Deskriptivismus die Kommunikation in verschiedenen Bereichen verbessern kann, und ich werde auch praktische Tipps und Techniken für eine effektive deskriptive Kommunikation bieten. Es ist mein Ziel, den Leserinnen und Lesern zu zeigen, wie sie die Macht der Deskriptivismus nutzen können, um ihre Kommunikation zu stärken und in verschiedenen Lebensbereichen erfolgreich zu sein.

4 Die Kunst des Zuhörens

Oder: »Mut ist, was es braucht, um aufzustehen und seine Meinung zu sagen. Mut ist auch, was es braucht, sich hinzusetzen und zuzuhören.« (Winston Churchill)
Das Zuhören fällt manchem sehr schwer, da erzähle ich Ihnen sicherlich nichts Neues. Zuhören, vor allem den anderen nicht zu unterbrechen, und im besten Fall auch Verstehen sind wirklich rare Talente, die nicht viele Menschen besitzen. Umso wertvoller ist diese Gabe, die, wenn sie jeder besäße, Welten verändern könnte. Doch Zuhören scheint wohl eben nicht jedermanns Sache zu sein.

Welche positiven Aspekte hat diese Fähigkeit und wie wenig Konflikte, Auseinandersetzungen, Streitigkeiten, ja sogar Kriege würde es geben, hätten wir diese Eigenschaft in seiner ausgeprägtesten, feinsten und intensivsten Form. Mit diesem Buch möchte ich alle Leserinnen und Leser dazu animieren, eine gute Zuhörerin oder ein guter Zuhörer zu werden.

Wer mich kennt, der weiß, dass ich ein Freund von treffenden Zitaten bin, denn oft finden wir in Zitaten (versteckte) Hinweise, wie wir mit einer Sache umgehen oder sie gar optimieren können. Ich habe mir erlaubt, die Grundpfeiler des guten Zuhörens aus einigen Zitaten herauszuarbeiten. Folgende Aussagen von interessanten und bekannten Persönlichkeiten aus der Geschichte, der Wirtschaft und anderen Bereichen, die ich gern kommentiere, haben mir dabei geholfen:

4 Die Kunst des Zuhörens

»Es gibt keine Freiheit ohne gegenseitiges Verständnis.« (Albert Camus)

»Solange man selbst redet, erfährt man nichts.«

Marie von Ebner-Eschenbach

Sicherlich kennen Sie Menschen, die sich selbst gerne reden hören und in den Klang der eigenen Stimme verliebt sind. Oder Typen, die andere ständig unterbrechen, also ins Wort fallen, weil sie es nicht ertragen können, einmal den Mund zu und die Ohren aufzumachen. Der Versuch eines Gesprächs mit einer solchen Person ist ziemlich herausfordernd und erschöpfend. Das Zauberwort lautet: Redeanteil. Dieser sollte in einem guten Gespräch im besten Fall ausgeglichen sein. Vielleicht mangelt es einigen Gesprächspartnern (Zuhörern) am Selbstbewusstsein und an der notwendigen inneren Ruhe. Lassen Sie also auch Ihr Gegenüber zu Wort kommen.

> »Es hört doch jeder nur, was er versteht.«
>
> Johann Wolfgang von Goethe

Ich würde nicht so weit gehen, hier das Wort »jeder« zu verwenden, denn dass würde wieder alle über einen Kamm scheren und dies wäre auf keinen Fall gerecht. In diesem Zitat sehe ich einen Hinweis darauf, das Gehörte annehmen und verstehen zu wollen. Wenn ich etwas nicht verstehe, erlaube ich mir nachzufragen. Wenn ich, wie manch einer, nur so tue, als würde ich folgen können, werde ich mich bald auf einem ganz anderen Weg wiederfinden und mein Gegenüber nicht mehr »sehen«. Das ist häufig der Anfang für folgenschwere Missverständnisse: Ich beginne zu spekulieren und baue mir etwas zusammen.

> »So geht es oft mit einer Unterhaltung: Nach einer Weile vergeblicher Auseinandersetzung merkt man, dass man gar nicht von derselben Sache gesprochen hat.«
>
> André Gide

Dieses Zitat schließt an die Beschreibung des vorangegangenen Zitates hervorragend an. Sicherlich ist Ihnen die Wendung »Äpfel mit Birnen vergleichen« geläufig. Genau hierum geht es in diesem Zitat. Der eine spricht über den Apfel und der andere versteht Birne. Zwar klingt die Formulierung »Können Sie mir folgen?« manchmal etwas arrogant und überheblich, jedoch halte ich diese Nachfrage während des Gesprächs für legitim und empfehlenswert, um sicherzustellen, dass beide Gesprächspartner noch über das gleiche Thema sprechen. Wie wäre es mit »Erlauben Sie mir, dass ich Ihnen meine Sichtweise (meine Erfahrungen/meine Ansicht) darstelle. Ich freue mich darauf, auch Ihren Standpunkt zu dieser Sache kennenzulernen, und bin auf unsere Gemeinsamkeiten gespannt.« Das ist doch gar nicht so schwer, wenn man sich ein wenig Mühe gibt.

> »Das Geheimnis des Erfolges ist, den Standpunkt des anderen zu verstehen.«
>
> Henry Ford

Hierin verbirgt sich eine entscheidende Aussage für jede gelungene und für beide Seiten erfolgreiche, zufriedenstellende Kommunikation. »Gewinner« eines Gesprächs ist nicht derjenige, der sich durchgesetzt, indem er den anderen womöglich übergeht. Sondern derjenige, der versteht und seinen Gesprächspartner ernst nimmt. Demjenigen, dem es nicht nur wichtig ist, was der andere denkt, sondern der auch ein echtes Interesse daran hat, wie diese Meinung oder Einstellung zustande kam. Integrieren, nicht ignorieren.

> »Mehr zu hören, als zu reden – solches lehrt uns die Natur: Sie versah uns mit zwei Ohren, doch mit einer Zunge nur.«
>
> Gottfried Keller

Kommunikation ist im besten Falle Verständnis. Sie basiert auf Respekt, Anerkennung, Wertschätzung und Akzeptanz. Ob wir nun besser verstehen, weil wir zwei Ohren und nur eine Zunge haben, weiß ich nicht. Jedoch ist dies ein wertvoller Hinweis, über den es sich sicher lohnt nachzudenken. Im Grunde hat dieses Zitat einen klaren Appell: »Hör zu und sprich dann, wenn Du verstanden hast.«

> »Aufmerksam zuhören ist das beste Kompliment für den Redner.«
>
> Thomas Carlyle

Ich wage zu behaupten, dass wir alle es schon mindestens einmal erlebt haben, dass man uns nicht zugehört hat, zum Beispiel als wir gerade dabei waren, etwas zu erklären. Das ist ärgerlich und nervig zugleich, sicherlich stimmen Sie mir zu. Nun könnte man Bücher darüber schreiben, warum solche Situationen tagtäglich auftreten. Denn genau die fehlende Aufmerksamkeit beim Zuhören ist einer der Hauptgründe, warum die Kommunikation scheitert. Dadurch erleiden beide Parteien und das Gespräch, der Vortrag oder die Diskussion erheblichen Schaden. Der Zuhörer, weil er nicht zuhört (warum auch immer, vielleicht interessiert ihn das Thema nicht). Aber auch der Redner, der die Gleichgültigkeit und das Desinteresse wahrnimmt.

> »Ich höre gern zu. Ich habe viel gelernt, indem ich sorgfältig zugehört habe. Die meisten Leute hören nie zu.«
>
> Ernest Hemingway

Durch Zuhören lernen, das funktionierte bereits in der Schulzeit. Oder auch nicht. Eines ist sicher. Wer gut und aufmerksam zuhört, der versteht eher, begreift schneller und kann sich in der Regel besser mit dem Gesagten auseinandersetzen. Sie sehen, es geht fast immer um das Zuhören. Dies ist der Oberbegriff, unter dessen Dach sich eine Vielzahl an wertvollen Begriffen versammeln, wie zum Beispiel Interesse, Aufmerksamkeit, Wille, Freude, Engagement, Einstellung und viele mehr. Denken Sie einmal darüber nach, wenn Sie das nächste Mal zuhören.

> »Zu viele Menschen machen sich nicht klar, dass wirkliche Kommunikation eine wechselseitige Sache ist.«
>
> Lee Iacocca

Kein Buch ohne Lee Iacocca, den ich sehr bewundere. Leider verstarb er vor einigen Jahren und so bleibt mein Wunsch, ihm einmal persönlich zu begegnen und mit ihm zu sprechen, unerfüllt. Es gibt viele hervorragende Zitate von ihm, die einen echten

Mehrwert liefern. Dieses Zitat enthält besonders viele klare Botschaften: zum Beispiel sich klarzumachen, dass wirkliche Kommunikation eine wechselseitige Sache ist. Das bedeutet, dass stets ein Dialog geführt werden sollte und kein Monolog. Es bedeutet, dass Kommunikation nicht gleich Kommunikation ist. Sie muss »wirklich« sein. Also lebendig, echt und authentisch. Sie muss gut ausbalanciert werden und beiden Seiten einen Mehrwert bieten.

Dies war nur eine kleine Auswahl aus den unzähligen Zitaten, von denen wir viel über das Zuhören lernen können. Wenn wir uns nun diese und andere Aussprüche ansehen, sie aufmerksam lesen und den Sinn darin suchen, finden und auch verstehen, haben wir wertvolle Informationen für eine erfolgreiche Praxis des Zuhörens, die wir erlernen können und übrigens auch dringend sollten.

Was brauche ich also, um ein guter Zuhörer zu sein? Zuerst einmal die Einstellung und den Willen, einer zu werden. Damit steht und fällt die gesamte Kommunikation und der daraus resultierende Erfolg.

Folgende Eigenschaften sind hilfreich und sinnvoll, um die Praxis des Zuhörens zu kultivieren:
- **Mein Redeanteil:** Dieser sollte in einem Gespräch immer ausgewogen sein. Versuchen Sie niemals, jemanden »niederzureden«. Auch wenn Sie glauben, dass Sie den anderen mit Ihren »starken« Argumenten überzeugt haben, haben Sie nicht selten verloren. Sätze wie »Dem habe ich es aber gegeben« oder »Er konnte sich meiner Argumentation nicht verschließen« verfehlen Absicht und Ziel ebenso, wie »Ich bin eben ein brillanter Redner«, »Ich habe meinen Standpunkt klar gemacht« oder der Todessatz: »Wenn ich rede, hören Sie gefälligst zu«.
- **Ich verstehe:** Verstehe ich wirklich oder verstehe ich nur das, was ich verstehen will? Konnte ich der Argumentation folgen? Hat sie für mich Sinn ergeben? Wurde ich da abgeholt, wo ich stehe? Kann ich nachvollziehen, was mein Gegenüber mir mitteilen wollte? Mit Äußerungen wie »Ich kann es mir nicht erklären« oder »Ich verstehe nur Bahnhof« beschreibt man nach dem Gespräch, also wenn es zu spät ist, dass man nichts verstanden hat. »Die Argumente waren völlig aus der Luft gegriffen.« »Das, was er sagte, hatte weder Hand noch Fuß.« Oder das Schlimmste, was man nach einem Gespräch sagen kann: »Ich habe kein Wort verstanden.«
- **Das Ziel:** Lassen Sie mich Ihnen einen Tipp aus 35 Jahren Berufserfahrung mit auf den Weg geben, einerlei ob Sie jünger oder älter sind als ich. Wenn Sie ein Gespräch führen möchten, gleich welcher Art, dann sollten Sie versuchen, Ihr Gegenüber zu verstehen. Ihre Grundhaltung sollte stets sein, die Person und Argumentation des anderen zu akzeptieren, offen in ein Gespräch zu gehen und keine voreiligen Schlüsse zu ziehen. Vertrauen Sie Ihrem Gesprächspartner und dessen Argumentation. Es mag nicht die Ihre sein, jedoch hat er sich etwas dabei gedacht, und dies gilt es zu respektieren. Wir Menschen sind nicht alle gleich und jeder Mensch ist

und denkt anders. Wenn wir nicht lernen, dies zu akzeptieren, und wenn wir im Gespräch nur versuchen, unsere Meinung durchzusetzen und gelten zu lassen, so ist das keine gesunde Kommunikation, sondern beschreibt einen diktatorischen Stil, mit dem ich dem anderen meine Gedanken aufzwingen möchte.

Hardcore-Listening
Zuhören heißt verstehen. Genau dies wollte ich hier aufzeigen. Wenn dies Ihr Thema ist oder werden soll, dann schauen Sie sich gerne einmal das Extrem an: *Hardcore-Listening* bezeichnet die Fähigkeit, so zuzuhören, dass man sich intensiv auf die andere Person einstellt. Ich habe hierzu viel Recherche betrieben und einen Menschen gefunden, der vielleicht nicht zu den größten und bekanntesten Experten zu diesem Thema zählt, mich jedoch mit seiner Aussage zu *Hardcore-Listening* beeindruckt hat. Seine Definition, zumindest in Auszügen, möchte ich Ihnen gerne mit auf Ihren Weg des *Hardcore-Listenings* geben. Die Person ist bei uns relativ unbekannt, in den USA kennen ihn sicherlich einige: Michael Jastroch. Er ist Komödienschauspieler, Autor und Improvisationslehrer. Als einer der Gründer des ColdTowne Theaters und Mitglied der bahnbrechenden Improvisationsgruppen ColdTowne und Frank Mills hat Michael mehrere Preise für seine Arbeit gewonnen. Er hat in den letzten fünfzehn Jahren Improvisationskomik unterrichtet und wurde mehrfach als »Bester Improvisationslehrer« und »Bester Improvisationstrainer« nominiert und ausgezeichnet. Mit seinen Improvisations-Workshops hat er im ganzen Land unterrichtet, unter anderem im Magnet Theater in New York City, beim Oberlin College Improv Festival, beim Oklahoma Improv Festival, beim Phoenix Improv Festival, beim Dallas Comedy Fest, beim Alaska State Improv Fest, beim Austin Sketch Festival und beim North Carolina Comedy Arts Festival in Chapel Hill.

Hier seine etwas gekürzte Definition:

> »Aktives Zuhören ist die wichtigste Improvisationsfertigkeit [...]. Und es ist eine Fähigkeit, die sehr oft völlig missverstanden wird. Beim Zuhören geht es um mehr als nur darum, die Details der Szene wiederzukäuen. Es geht darum, völlig präsent zu sein und wahrheitsgetreu auf jede einzelne Sache zu reagieren, die passiert, wenn die Lichter angehen.«[2]
>
> Michael Jastroch

Meine Empfehlungen

- Gehen Sie unvoreingenommen und neugierig ins Gespräch.
- Vermeiden Sie vorgefasste Meinungen. Wenn Sie eine haben, dann legen Sie sie ad acta und hören aufmerksam zu.

---

2   Quelle: https://www.contemporarytheatercompany.com/product-page/hardcore-listening.

- Versuchen Sie nicht nur zuzuhören, sondern den anderen, dessen Standpunkt und Ausführungen auch zu verstehen. (Wenn Sie einen großen Teil verstehen, begreifen und nachvollziehen können, ist das nahezu perfekt.)
- Versuchen Sie Gemeinsamkeiten zwischen dem Gehörten und Ihrer Idee, Vision oder Ihren Vorstellungen zu finden. Je mehr Gemeinsamkeiten Sie finden, desto breiter die Kommunikationsbasis.
- Fassen Sie die zentralen Aussagen des Gesprächs zusammen: »Habe ich Sie richtig verstanden, dass …?«

Wenn Sie diese Empfehlungen für sich annehmen, beherzigen und umsetzen, können viele Konflikte, Unstimmigkeiten, Fragen, Missverständnisse, Spekulationen oder Unklarheiten bereits im Ansatz erkannt und aufgelöst werden.

5 Kennen Sie Ihr Alleinstellungsmerkmal?

Oder: »Wenn Sie Ihre Idee nicht auf die Rückseite einer Visitenkarte schreiben können, haben Sie kein klares Konzept.« (David Belasco)
Das Alleinstellungsmerkmal, auch USP (Unique Selling Point) oder »Das Besondere« genannt, spielt in meiner täglichen Arbeit eine ganz entscheidende Rolle. Es ist für mich nicht nur seit vielen Jahren einer meiner Schwerpunkte, sondern auch eines meiner liebsten Themen, die ich mit meinen Klienten bearbeite. Seit vielen Jahren halte ich Vorträge und Workshops zum USP und immer wieder stelle ich fest, wie wenig Menschen sich mit diesem so wichtigen Thema auseinandersetzen. Kaum eine Person kann mir ganz spontan ihr Alleinstellungsmerkmal nennen. Das ist auch nicht verwunderlich. Denn in unserer heutigen, schnelllebigen Zeit hält man selten inne und »überprüft« sein Berufsleben, schaut zurück auf das Erreichte, um aus dieser reflektierten Rückschau das Alleinstellungsmerkmal zu formen. Dies ist auch gar nicht so einfach, denn die klassischen Sätze, die einem häufig zuerst einfallen, sind schwerlich als USP zu bezeichnen. Ich erinnere mich an den Werbespot eines Unternehmensverbunds im deutschen Einzelhandel mit dem Slogan: »Wir lieben Lebensmittel.« Sicherlich war diese Aussage als eine Art Alleinstellungsmerkmal geplant, zumindest hatte man wohl mit der Aussage die Absicht, den Bekanntheitsgrad und Wiedererkennungswert zu steigern. Wenn wir uns diesen Satz jedoch näher anschauen, stellen wir fest: Er gilt auch für viele Mitanbieter. Dadurch verliert er meiner Meinung nach enorm an Kraft, so schön er auch klingt.

»Das Geheimnis des Erfolgs? Anders sein als die anderen.« (Woody Allen)

Wenn ich Menschen nach ihrem Alleinstellungsmerkmal frage, so erhalte ich oft folgende Antworten:

»Ich mag es, mit Menschen zu arbeiten.«
»Ich bin ein absoluter Zahlenmensch.«
»Mir macht Programmieren Spaß.«
»Der Kunde ist bei uns König.«

> »Der Mensch steht bei uns im Mittelpunkt.«
>
> »Ich mag Mode.«
>
> »Verkaufen ist meine Leidenschaft.«
>
> »Ich liebe es zu beraten.«
>
> »Ich bin für diesen Job geboren.«
>
> »Unser Produkt ist unschlagbar.«
>
> »Wir sind die Dienstleistung mit Herz.«
>
> »Ich bin die Lösung für Ihr Problem.«
>
> u. v. m.

Das sind gute Antworten, jedoch keine Alleinstellungmerkmale. Es sind Aussagen, die in diesem Moment für einen kurzen Zeitraum für Aufmerksamkeit sorgen. Aber genauso schnell sind sie auch wieder vergessen. Das Besondere fehlt, der so wichtige Schuss Persönlichkeit und Individualität.

Sesam, öffne Dich
Zum Alleinstellungsmerkmal fällt mir immer wieder der Satz »Iftah Ya Simsim« ein, der im wahrsten Sinne des Wortes ein Gespräch öffnet und mich zu einem interessanten Gesprächspartner im Business macht. Übrigens »Iftah Ya Simsim« ist ein Ausruf, den die meisten von Ihnen kennen. Übersetzt heißt er nichts anderes als »Sesam, öffne Dich« und stammt aus dem Märchen »Ali Baba und die vierzig Räuber«. Ali Baba hat diesen Spruch ausgerufen, woraufhin sich ein Felsen zur Seite bewegte, um den Weg in eine Schatzhöhle freizugeben. Übertragen auf die heutige Kommunikation bedeutet dies, dass Sie mit Ihrem »Ruf«, also Ihrem ganz persönlichen Alleinstellungsmerkmal, den Weg zu einem guten Gespräch frei machen können. Vielleicht ja irgendwann einmal den Weg in eine solche Schatzhöhle.

> **»Sind wir nicht alle ein bisschen Bluna?«**
>
> Vor vielen Jahren, ich arbeitete damals noch in der Wohnungswirtschaft, kam die Inhaberin einer neugegründeten Reinigungsfirma auf mich zu und bot mir ihre Dienste an. Wir führten ein freundliches Gespräch und ich spürte, dass sie ihre Arbeit mit großer Freude und Leidenschaft verrichtet. Sauberkeit und Zufriedenheit waren ihr besonders wichtig. Um ihr Qualitätsbewusstsein zu unterstreichen, endete sie mit folgenden Worten: »Ich bekomme bezüglich meiner Arbeit nur Lob und Tadel. Da können Sie jeden fragen.« Diesen Satz sprach Sie so voller Stolz und Überzeugung aus, dass ich es nicht übers Herz brachte, sie sofort zu korrigieren.
>
> Das war 1990, also vor über 33 Jahren. Und wie Sie lesen, habe ich den Satz und die Person bis heute nicht vergessen, obwohl ich seit über 20 Jahren nicht mehr in der Immobilienwirtschaft arbeite. Der Satz, den sie aus vollem Herzen begeistert ausrief, ist mir bis heute im Gedächtnis geblieben. In Situationen wie dieser, wenn ich an die Dame und ihren »Werbespot« denke, muss ich schmunzeln. Seit über 33 Jahren ist ihr Alleinstellungsmerkmal, nämlich

genau dieser Satz, bei mir präsent. Das nenne ich einen USP, einen echten Anker mit Nachhaltigkeit.

Und übrigens, bevor Sie fragen: Ja, ich habe die Inhaberin der Reinigungsfirma kurze Zeit später auf ihren kleinen Fehler hingewiesen. Und wenn Sie nun glauben, mit einem falschen oder etwas verunglückten Satz könne man unmöglich Menschen gewinnen. Dann denken Sie an die mannigfaltigen Beispiele für ein Alleinstellungsmerkmal in den Werbebotschaften, die uns täglich erreichen, uns Lust auf das Produkt machen und zum Kauf animieren sollen. Denn: »Sind wir nicht alle ein bisschen Bluna?«

Das Alleinstellungsmerkmal hat eine unglaublich starke Wirkung, die Sie souverän, authentisch, kompetent und auch sympathisch macht und wirklich »ankommen« lässt. In meinem Buch »Business-Erfolg mit dem Netzwerk-Code« bin ich sehr intensiv auf dieses Thema eingegangen, denn – und das verrate ich Ihnen jetzt einfach mal – es ist einer der drei Erfolgscodes für eine gelungene Kommunikation.

6 Nicht Entweder-oder, sondern Sowohl-als-auch

Oder: »Die Wahrheit entsteht aus dem Zusammenstoß gegensätzlicher Ideen.«
(John Stuart Mill)
Müssen wir denn immer und immer wieder das Negative in den Vordergrund rücken? Gibt es bei uns stets nur ein Schwarz oder Weiß, ein Gut oder Böse, ein Erfolgreich oder Erfolglos? Was ist mit der Mitte, mit dem Platz dazwischen, der fast immer wesentlich größer ist als der rechts oder links davon.

Ein Beispiel. Nehmen wir ein Fußballtor. Neben der Querlatte gibt es einen Pfosten rechts und einen links. Aber genau die Stelle, die dazwischen ist, auf eben diese Stelle kommt es an. Sie entscheidet über Erfolg oder Misserfolg, über Sieg oder Niederlage. Wenn wir hier nur die Pfosten rechts und links sehen würden, dann wäre es lediglich ein Pfostenschuss, vielleicht auch ein Warnschuss, aber kein zählbarer Treffer. Ich habe jedenfalls noch nie von einem Fußballspiel gehört, in dem die Mannschaft mit den meisten Pfostenschüssen gewonnen hat. Das Team, das die Bälle im wahrsten Sinne des Wortes im Netz »versenkt«, gewinnt das Spiel. Dazu reicht ein Tor schon aus. Und kein Fußballspieler dieser Welt versucht, im Spiel bewusst die Latte oder die Pfosten zu treffen, sondern den Raum dazwischen, weil nur der zählt. Denn: »Knapp daneben ist auch vorbei.«

Und nun zurück zur Kommunikation. Vor Kurzem hörte ich einen Satz, der bestens zu diesem Thema passt. »Nicht Entweder-oder, sondern Sowohl-als-auch.« Damit meine ich die Akzeptanz, die Weitsicht, gerade in der Kommunikation auch anders Denkende zu integrieren und einmal, wie man so schön sagt, »über den Tellerrand hinauszusehen«. Das würde uns sicherlich sehr guttun und viele Möglichkeiten, Chancen und Optionen öffnen, die uns aktuell verschlossen bleiben oder die wir gerade nicht sehen bzw. manchmal auch nicht sehen wollen.

Fangen wir doch einmal bei unserem vorgefertigten und sorgsam gepflegten »Entweder-oder« an. Wenn wir keine Furcht mehr davor haben, aufgrund unserer Meinung ausgegrenzt, angefeindet, beleidigt, gemieden, beschimpft oder gar gefeuert zu werden, bin ich fest davon überzeugt, dass wir gemeinsam Berge versetzen könnten. Beginnen wir mit einem kleinen Stein und arbeiten wir uns mit gegenseitigem Respekt bis zum Mount Everest nach oben durch. Denn bereits ein kleiner Schritt kann ein großer Gewinn sein.

Aus »Entweder-oder« können künftig mehr als zwei Optionen werden, die durch weitere Entscheidungsmöglichkeiten ergänzt vielleicht sogar optimiert werden. Geben wir den weiteren Ideen, Vorschlägen und Ansichten doch ganz einfach einmal einen Arbeitstitel, zum Beispiel »Both« (englisch für »beide«). Und lassen wir zu, dass jeder der Beteiligten sein »Both« einbringen darf und das es auf- und angenommen wird. Ohne negative Konsequenzen, dafür möglicherweise mit ungeahnten Chancen.

Na, wie wäre es, sind Sie dabei? Sind Sie vielleicht sogar bereits ein »Both«, also ein Mensch, der beide Seiten akzeptiert und respektiert? Einer, der sie als Grundlage für ein gutes Gespräch nimmt? Sind Sie ein »objektiver« Mensch oder eher parteiisch und subjektiv? Lassen Sie sich auch einmal überzeugen oder haben Sie Ihre festgefahrene Meinung, von der Sie niemals oder nur in den seltensten Fällen abweichen würden? Sicherlich sind Sie verhandlungssicher, aber sind Sie auch verhandlungsbereit?

Klar ist natürlich, dass es kein sinnvolles Agreement sein kann, dass einer das macht, was er möchte, und der andere sein Ding durchzieht. Aber durch Akzeptanz und Respekt gewinnen wir Einblicke, Denk- und Vorgehensweisen, die Wege ebnen und erfolgreiche Ergebnisse generieren. Es ist Arbeit und keiner hat gesagt, dass es leicht ist, aber es entsteht ein gutes Gefühl für beide Seiten. Dadurch wird offensichtlich, dass beide Parteien hinter dem gemeinsam Erarbeiteten stehen, weil das Ergebnis auf Respekt und Anerkennung basiert. Was will man mehr?

Lassen Sie uns die Denk- und Vorgehensweise abschaffen, die Mark Twain in einem seiner wunderbaren Zitate so treffend beschrieben hat: »Wir schätzen die Menschen, die frisch und offen ihre Meinung sagen – vorausgesetzt, sie meinen dasselbe wie wir.«

Sind Sie dabei, mehr als nur Ihre Meinung zu akzeptieren und anzuerkennen? Ich lade Sie herzlich dazu ein und gebe Ihnen gern einige Formulierungsbeispiele mit an die Hand.

Ins Positive gewandelte Sätze – Formulierungsbeispiele

»Ich finde Ihre Ausführung gut und habe einen Vorschlag dazu zu machen.«

»Mein Vorschlag wäre, den Punkt mit ... zu ergänzen.«

»Was halten Sie davon, zusätzlich zu dem Bereich ... noch ... aufzunehmen?«

»Sie haben wirklich wunderbar vorgelegt, darf ich ergänzen?«

»Ich finde Ihre Ansichten sehr gut und möchte, dass Sie meine kennenlernen.«

Die folgenden fünf Beispiele zeigen, wie Sie das Prinzip »Nicht Entweder-oder, sondern Sowohl-als-auch« in verschiedenen Kommunikationssituationen anwenden können, um ein umfassenderes Verständnis und eine effektivere Interaktion zu fördern.

1. In der Konfliktlösung
Anstatt sich auf eine einzige Lösung zu konzentrieren, die eine Partei bevorzugt, können Sie eine Win-win-Situation schaffen, indem Sie nach Möglichkeiten suchen, um die Bedürfnisse und Perspektiven *beider* Parteien zu berücksichtigen. Dies kann durch Kompromisse, alternative Lösungen oder durch die Integration von verschiedenen Ideen erreicht werden.

2. Im Marketing und in der Werbung
Anstatt sich auf ein einziges Merkmal oder einen einzigen Nutzen zum Beispiel eines Produkts zu konzentrieren, können Sie in Ihrer Kommunikation die Vielseitigkeit und die verschiedenen Anwendungsmöglichkeiten hervorheben. Zeigen Sie, dass Ihr Produkt sowohl für junge als auch für ältere Zielgruppen geeignet ist oder dass es sowohl im Freizeit- als auch im Berufsumfeld nützlich sein kann.

3. In Führung und Management
Anstatt sich für einen autoritären oder einen partizipativen Führungsstil zu entscheiden, können Führungskräfte beide Ansätze je nach Situation und Bedarf kombinieren. Dies bedeutet, dass sie sowohl klare Anweisungen geben als auch die Meinungen und Ideen ihrer Teammitglieder berücksichtigen.

4. In der interkulturellen Kommunikation
Anstatt sich auf die kulturellen Unterschiede zu konzentrieren und diese als Barrieren zu betrachten, können Sie nach Gemeinsamkeiten suchen und versuchen, Brücken zwischen den Kulturen zu bauen. Betonen Sie die Tatsache, dass kulturelle Vielfalt eine Bereicherung darstellt und verschiedene Perspektiven und Herangehensweisen gemeinsam genutzt werden können, um innovative Lösungen zu entwickeln.

5. In der persönliche Entwicklung
Anstatt sich auf ein starres Identitätskonzept festzulegen, nach dem man zum Beispiel entweder introvertiert oder extrovertiert sein muss, können Sie das Konzept »ambivertiert« einführen, das sowohl introvertierte als auch extrovertierte Eigenschaften umfasst. Dies ermutigt Menschen dazu, ihre Vielseitigkeit anzuerkennen und sowohl ihre ruhige, reflektierende Seite als auch ihre gesellige, aktive Seite zu kultivieren.

7 Die Kunst des Improvisierens

Oder: »Am meisten Vorbereitung kosten mich immer meine spontan gehaltenen, improvisierten Reden.« (Winston Churchill)
Wussten Sie, dass ich einer der ersten Improvisationsexperten im Bereich Business und Wirtschaft in Deutschland bin. Vielleicht sogar der Erste. Das renommierte Magazin *ManagerSeminare* berichtete 2006 in einem kleinen, bescheidenen Artikel darüber. Vielleicht haben Sie ihn gelesen. Oder vielleicht doch nicht, er war schon ziemlich klein, aber es gab ihn und er war sogar mit einem Bild von mir versehen. Sie glauben mir nicht, dann schauen Sie gerne selbst nach. Aber nur wenn es Sie interessiert, sonst bitte nicht. Improvisation war für mich stets ein sehr spannendes Gebiet und so habe ich mir immer wieder viele Fragen dazu gestellt, um das Thema so intensiv wie möglich zu beleuchten. Hier ein paar meiner Fragen für Sie zum besseren Verständnis.

Seit wann gibt es die Improvisation?

Die Improvisation als künstlerisch-kommunikative Praxis gibt es schon seit langer Zeit. Die genauen Anfänge sind jedoch schwer zu bestimmen, da sie sich in vielen verschiedenen Kulturen und Epochen in unterschiedlichen Formen entwickelt hat. In der Musik wurde die Improvisation bereits in der Antike und im Mittelalter eingesetzt, in der Theaterwelt hat sie ihre Wurzeln ebenso im antiken Griechenland und im mittelalterlichen Theater. In der modernen Theater- und Comedy-Szene hat sich die Improvisation seit den 1950er Jahren etabliert.

Tipps und Übungen zur Verbesserung Ihrer Improvisationskunst
Bei der Improvisation gilt es zuerst, eine Grundbasis, ein individuelles »Fundament« zu schaffen. Dabei verzichten wir auf klassische Fragen wie »Was fällt mir leicht, was sind meine Stärken?« oder »Welcher Typ bin ich?«. Stattdessen fragen Sie sich, was Ihnen mehr Spaß macht und vor allem mehr über Sie persönlich aussagt.

Hier einige Beispiele von unendlich vielen:
- Welche Sportarten mag ich?
- Welche Musikrichtungen gefallen mir?
- Welchen Beruf finde ich toll? (Es darf auch gerne Ihr aktueller Beruf sein.)
- Welche Persönlichkeit wäre ich gerne?
- Man kann sich immer auf mich verlassen, weil ...?
- Wenn ich Lehrer wäre, dann für das Fach ...?
- Ich bin! Ja, wie/wer bin ich?

Je mehr individuelle Fragen Sie für sich beantworten, desto fester und stärker wird Ihr persönliches Improvisations-Fundament. Lassen Sie Ihrer Fantasie freien Lauf. Sie werden sehen, wie viel Spaß das macht.

- Was mögen Sie an sich besonders?
- Auf welche eigene Leistung sind Sie besonders stolz?
- Wen würden Sie persönlich auszeichnen und weshalb?
- Als Kind wollten Sie sein wie …?
- Wo hätten Sie gerne Ihren Zweitwohnsitz?
- Was sagt man Ihnen nach?
- Mit wem würden Sie eine gewisse Zeit tauschen wollen?
- Haben Sie einen Leitspruch?
- Welche drei Bücher würden Sie empfehlen?
- Welche Sendung interessiert Sie?

Fallen Ihnen noch weitere Fragen ein? Sehr schön, dann stellen Sie sich diese Fragen und beantworten Sie diese für sich. So schaffen Sie sich ein individuelles Feld, aus dem Sie für Ihre Improvisation in Kommunikationssituationen schöpfen können. Denn Improvisation bedeutet stets »anders als andere« und sie beginnt genau mit solchen »anderen« Fragen.

Als Nächstes gilt es, Ihre »Nahrung« zur gekonnten und überzeugenden Improvisation aufzunehmen: die *Kreativität* – eine der wichtigsten Eigenschaften in der Improvisation. Optimieren oder aktivieren Sie nun Ihre persönliche Kreativität. Für diesen Schritt habe ich mehrere Übungen entwickelt:

Übung 1: Eigenschaften benennen – kreative Einfälle entwickeln

Stellen Sie sich die Frage: »Welche Eigenschaften hat meiner Meinung nach ein guter Arzt, Berater, Vorstand, Manager, Eisverkäufer etc.?«

Finden Sie nun in einer Minute möglichst viele Antworten. Ab zwölf Antworten ist Ihre Kreativität sehr gut ausgeprägt. Üben Sie gerne auch mit eigenen Bezeichnungen. Das macht Spaß und schult Ihre spontane und kreative Improvisationsgabe.

Übung 2: Erklärungsmöglichkeiten finden

Bei dieser Übung geht es darum, zu einer Aussage möglichst viele Erklärungen zu finden.

Beispiel: »Männer sind fußballbegeistert, weil …« oder »Unser Unternehmen ist fortschrittlich, weil …«

Auch hier sind zwölf Antworten in einer Minute ein sehr gutes Ergebnis. Probieren Sie es gern aus.

Eine gute Improvisation setzt sich aus verschiedenen Bausteinen zusammen, die deshalb individuell zu Ihnen passen, weil Sie sie individuell entwickelt haben.

Improvisation ist stets:
- souveränes Handeln
- kundenorientiertes Auftreten
- überzeugendes Argumentieren
- zielsicheres Agieren

Aber auch:
- positiv überraschen
- kreativ arbeiten
- gelassen bleiben
- kritische Situationen meistern
- erfolgreich sein

Die gelungene Improvisation enthält eine Vielzahl positiver Aspekte, Gedanken, Verhaltensweisen und Eigenschaften eines Menschen. Wie zum Beispiel Kreativität, Persönlichkeit, Selbstsicherheit. Aber auch mein Engagement, meine Art zu kommunizieren, mein Interesse und meine Gelassenheit.

Gerade im beruflichen Bereich ist die Improvisation eine Kunst, die es zu beherrschen gilt. Mit Ihrem Improvisationstalent sind Sie immer einen entscheidenden Schritt voraus. Oft werde ich gefragt, warum das Erlernen und Verbessern der Fähigkeit zur Improvisation so wichtig ist? Hier einige beispielhafte Antworten:

- um unseren Service zu verbessern
- um uns auf Menschen einzustellen
- um sie zu verstehen
- um sie zu akzeptieren
- um auf ihre Wünsche und Anliegen einzugehen

Menschen, die die Kunst der Improvisation beherrschen …
- sind erfolgreicher
- finden schneller Kontakt
- sind zielstrebiger
- sind durchsetzungsstärker
- reagieren schneller
- sind ideenreicher
- agieren zügiger

Improvisation gehört zum unverzichtbaren Handwerkszeug in unserem beruflichen und privaten Alltag.

Überraschender Erfolg dank Improvisationstalent
Mich hat die Improvisation immer bestens unterstützt, denn Eigenschaften wie Kreativität, Fantasie, visionäres Denken werden dadurch gefördert. So hatte ich die Ge-

legenheit, diese Gaben zu schärfen und zu optimieren.[3] Zum Abschluss des Kapitels möchte ich Ihnen meine Improvisationskunst anhand der Geschichte erläutern, wie ich es geschafft habe, als nahezu Unbekannter mit einem Artikel in das renommierte Magazin *ManagerSeminare* zu kommen.

Ich saß in meinem Büro und hatte noch den Satz meines damaligen ersten Mentors im Kopf: »Du musst unbedingt in ein Magazin kommen.« Leichter gesagt als getan, dachte ich und begann, mir die bekanntesten Magazine einmal genauer anzuschauen. Insgesamt habe ich bei vier Zeitungen angefragt. In einer Nachricht schrieb ich, dass ich der erste Improvisationsexperte für den Bereich Business und Wirtschaft in Deutschland bin und gerne in einer Ausgabe einen kleinen Artikel, im besten Falle ein Interview bekommen würde. Kurze Zeit später hatte ich ein Telefonat mit einem Verantwortlichen des Magazins. Im typisch deutschen Stil wurde mir mitgeteilt, dass man meine Behauptung erst einmal überprüfen wolle und dann wieder auf mich zukäme. Es vergingen wenige Tage, da erhielt ich einen Terminvorschlag zu einem Gespräch. Hier teilte man mir mit, dass ich tatsächlich »konkurrenzlos« wäre und meine Behauptung nach ausgiebiger Überprüfung zuträfe. Mein Thema und der Wunsch nach einem Artikel würde der Redaktion vorgelegt und besprochen werden. Sollte ich innerhalb der nächsten vier Wochen nichts hören, gäbe es kein Interview mit mir und somit auch keinen Artikel.

Improvisationskunst am Werk
Sicherlich werden Sie sich bereits denken können, dass mich innerhalb der vier Wochen niemand vom Magazin anrief. Also übernahm ich den aktiven Part und begann zu improvisieren, da ich den Beitrag über mich, das Interview, unbedingt veröffentlicht sehen wollte. Ich rief an und, anstatt zu fragen, warum ich bis dato noch nichts gehört habe, wendete ich die positive, aktive Kommunikationstaktik an, auf die ich im folgenden Kapitel noch näher eingehen werde. Ich fragte nach, wann denn nun das Interview stattfinden würde. Man wollte mir einen Termin vorschlagen. Tatsächlich versprach man mir den Termin und einige Tage später rief mich ein Vertreter des Magazins an, um mich zu interviewen. In der Ausgabe *ManagerSeminare* Nr. 104 vom 20. Oktober 2006 erschien dann mein Beitrag.

Diese Geschichte war ein Beispiel für mein Improvisationstalent, gepaart mit etwas Mut und Selbstbewusstsein. Ich habe sie nicht erzählt, um mich zu profilieren, sondern um aufzuzeigen, welche Möglichkeiten es gibt, wenn man hinter dem steht, was man tut, und eine positive, überzeugende Formulierung findet. »Wo ein Wille ist, ist auch ein Weg.« Noch heute lese ich dieses Magazin sehr gern und bin dankbar für diese Chance, auch wenn ich etwas nachhelfen und improvisieren musste. Aber so ist es nun

---

3   Quelle: https://www.managerseminare.de/ms_Artikel/Erstes-Improvisationsseminar-Souveraen-reden-aus-dem-Stegreif,153812.

mal: Wenn Sie etwas (unbedingt) wollen, müssen Sie den aktiven Part übernehmen und das Heft des Handelns in die Hand nehmen.

Ich könnte noch viele weitere Beispiele für (meine) Improvisationskunst geben, etwa wie ich es in die Spielerkatakomben des Madisons Square Gardens in New York geschafft und dort einen Topspieler der National Hockey League (NHL) interviewt habe oder mit Tiger Woods eine Golfrunde lief, aber das wäre zu viel des Guten.

8 Wie Sie auf KO-Sätze schlagfertig reagieren

Oder: »Ich glaube an die Macht des positiven Denkens, auch wenn ich KO bin.«
(Vivian Cheruiyot)

Als Sprecher bemühe ich mich stets, eine präzise und sachliche Ausdrucksweise zu wählen, die für alle verständlich ist. Das ist nicht selbstverständlich, und viele Menschen haben hier noch Nachholbedarf. In diesem Kapitel möchte ich Ihnen anhand von sieben Beispielen für sogenannte KO-Sätze, mit denen Ihr Anliegen pauschal zurückgewiesen wird und man Sie auflaufen lässt, aufzeigen, wie Sie geschickt darauf reagieren können. Der erste Satz wird Sie sicherlich nicht überraschen, denn den kennen Sie alle, vielleicht jedoch nicht als »KO-Satz«:

1. »Das geht doch eh nicht.«
Dieser Satz drückt eine pessimistische Einstellung aus und kann dem Gesprächspartner das Gefühl geben, dass er nicht ernst genommen wird. Um darauf geistesgegenwärtig zu reagieren, können Sie den Fokus auf mögliche Lösungen oder Alternativen legen und darauf hinweisen, dass es sich lohnt, zumindest einen Versuch zu unternehmen.

Ihre mögliche Reaktion auf diesen Satz könnte so lauten:

> **Formulierungsvorschlag**
>
> »Ich habe absolutes Verständnis dafür, dass dies eine herausfordernde Situation für Sie ist. Ich bin jedoch optimistisch, dass wir eine Lösung finden können, die unseren beiden Zielen entspricht. Lassen Sie uns gemeinsam über Alternativen oder Möglichkeiten nachdenken, um dieses Problem anzugehen. Vielleicht können wir durch Kreativität und Teamarbeit ein gutes, funktionierendes Ergebnis finden.«

2. »Das haben wir schon immer so gemacht.«
Ein solcher Satz signalisiert, dass Veränderungen unerwünscht sind, und schafft eine Atmosphäre der Stagnation. Um darauf zu reagieren, können Sie versuchen, die Vorteile oder auch die Notwendigkeit von Veränderungen zu betonen und auf neue Möglichkeiten hinzuweisen, die sich daraus ergeben können.

Ihre mögliche Entgegnung könnte so aussehen:

> **Formulierungsvorschlag**
>
> »Verständlicherweise gibt es oft bewährte Praktiken, die sich über die Zeit eingespielt haben. Dennoch ist es auch wichtig, offen für neue Ideen und Veränderungen zu sein, um sicherzustellen, dass wir stets die effektivsten und besten Methoden zum Wohle des Unternehmens nutzen. Möglicherweise können wir durch die Integration neuer Ansätze oder Innovationen unsere Prozesse und die daraus resultierenden Ergebnisse verbessern.«

3. »Das ist nicht mein Problem.«

Dieser schroff abweisende Satz drückt eine fehlende Bereitschaft aus, Verantwortung zu übernehmen, und kann das Gespräch abrupt beenden. Um darauf zu reagieren, können Sie klarstellen, warum es wichtig ist, dass jeder seinen Beitrag leistet, und auf mögliche Konsequenzen hinweisen, die entstehen, wenn man sich aus der Verantwortung zieht. Gleichzeitig sollte man vorschlagen, einen Ansprechpartner zu finden, der für das Thema verantwortlich ist.

Auch hier ein Formulierungsvorschlag für eine mögliche Entgegnung:

> **Formulierungsvorschlag**
>
> »Verstehe ich das richtig, dass Sie gerade nicht in der Lage sind, an einer Lösung für dieses Problem mitzuarbeiten? Sollte dies der Fall sein, würden Sie mir bitte helfen, die richtige Person oder Abteilung zu identifizieren, die uns dabei unterstützen kann, dieses Problem zu lösen?«

4. »Ich verstehe, was du sagst, aber ...«

Eine Liedzeile des leider verstorbenen Sängers Roger Cicero lautete: »Ich verstehe, was du sagst, aber nicht, was du meinst.« Ein solcher Satz kann den Eindruck erwecken, dass der Gesprächspartner nicht wirklich zugehört hat und ihm seine eigene Meinung wichtiger ist. Bitten Sie Ihren Gesprächspartner, das Gesagte genauer zu erklären, und weisen Sie auf mögliche Gemeinsamkeiten hin, um eine solidarische Gesprächsbasis zu schaffen.

So könnten Sie auf diesen KO-Satz reagieren:

> **Formulierungsvorschlag**
>
> »Vielen Dank für Ihr Feedback. Es ist wichtig für mich, dass meine Kommunikation klar verständlich ist. Könnten Sie mir bitte genauer erklären, welche Aspekte Sie verwirren oder Ihnen unklar erscheinen? So kann ich sicherstellen, dass unsere Kommunikation effektiver wird und Missverständnisse vermieden werden.«

5. »Ich weiß nicht, ob das eine gute Idee ist.«

Ein solcher Satz drückt Skepsis aus und kann den Gesprächspartner verunsichern. Um darauf klug zu reagieren, können Sie die Gründe für die Skepsis erfragen und darauf eingehen, um mögliche Bedenken auszuräumen. Man kann auch betonen, dass jede Idee verbessert werden kann und es wichtig ist, verschiedene Meinungen zu hören, um zu einer besseren Lösung zu gelangen.

Das wäre meine Reaktion auf diesen KO-Satz:

> **Formulierungsvorschlag**
>
> »Es ist durchaus verständlich, dass Zweifel bestehen könnten. Lassen Sie uns gemeinsam die potenziellen Vor- und Nachteile dieser Idee analysieren, um dann eine fundierte Entscheidung zu treffen.«

6. »Geben Sie es mir nochmal schriftlich herein.«

Dies ist ein klassischer »Hinhalte-Satz«, getreu dem Motto »Ich brauche Zeit, um Ihre Idee zu verdauen und mir zu überlegen, wie ich sie ablehnen kann«. Das klingt ganz schön fies, aber so ist es. In dieser Situation tun wir einfach einmal so, also gingen wir davon aus, dass unser Gesprächspartner ein echtes Interesse an unserer Idee hat, und kontern direkt. Und zwar mit diesen Worten:

> **Formulierungsvorschlag**
>
> »Selbstverständlich, ich werde Ihnen gerne eine schriftliche Zusammenfassung zukommen lassen. Bitte teilen Sie mir vorab doch noch mit, welche spezifischen Informationen oder Details Sie in der schriftlichen Dokumentation benötigen, damit ich diese entsprechend aufbereiten kann.«

7. »Wir melden uns, wenn wir Bedarf haben.«

Klingt nicht gut, ist es auch in der Regel nicht. »Denn was ich heute weiß, habe ich morgen schon vergessen.« Dies hat ein ehemaliger Klient von mir einmal gesagt und damit hatte er absolut Recht.

Eine »proaktive Formulierung« könnte so lauten: »Ich koordiniere gerade meinen Terminkalender und unser Gesprächstermin steht noch aus. Es war mir wichtig, persönlich anrufen, damit wir uns wieder einmal hören und gleich nach einem geeigneten Termin schauen. So sparen wir wertvolle Zeit. Sicherlich ist dies auch in Ihrem Sinne? Und der letzte Satz ist bitte keine Frage, sondern eine Feststellung. Sprechen Sie deswegen klar, souverän und überzeugend. Also nicht: »Ich habe leider gar nichts mehr von Ihnen gehört und wollte mich deshalb nochmals melden.« (Fast 90 % der Anrufer würden so oder so ähnlich argumentieren). Ein Klassiker unter den KO-Sätzen. Bei dem ich mich übrigens mit einer ordentlichen Portion Selbstzweifel eigenhändig KO schlage.

Probieren Sie es gerne aus, Sie werden erstaunt sein, wie gut es funktioniert und wie wohl Sie sich damit fühlen. Das liegt ja auch auf der Hand, denn Sie sind mit einer positiven Argumentation in der Regel auch positiv gestimmt und offen. Genau so soll es doch auch sein, oder? So gelingt Ihnen ein echtes Erfolgserlebnis.

Meine Empfehlung

Wandeln Sie negative Aussagen in positive, proaktive Formulierungen um und bringen Sie Ihr Gegenüber so ins Handeln. Gehen Sie den ersten, nicht selten entscheidenden Schritt und warten Sie nicht ab, bis Ihr Gegenüber dies tut. Es muss für Sie selbstverständlich sein, dass Sie ein positives Ergebnis erzielen. Je unsicherer Sie sind und (sich) hinterfragen, vielleicht sogar zweifeln, umso größer ist die Wahrscheinlichkeit, dass Sie scheitern. Wenn Sie dies umsetzen, werden Sie feststellen, dass Ihre Kommunikation viel erfolgreicher wird. Denn Sie können sich endlich auf das Wesentliche konzentrieren: Ihr Ziel.

9 Die 4 Vs für eine ehrliche und wertschätzende Kommunikation

Oder: »Zuerst erlerne die Bedeutung dessen, was du sagst; rede später.« (Epiktet)
Bitte lesen Sie dieses Kapitel nur, wenn Ihnen das Gespräch und Ihr Gesprächspartner wichtig und wertvoll sind und Sie Ihre Kommunikation wertschätzend führen möchten. Dieses Kapitel ist für all diejenigen Leserinnen und Leser, die ihre Kommunikationsfähigkeit professionell gestalten und optimieren möchten.

Vertrauen, Verbindlichkeit, Vorbereitung und Verantwortung. Dies sind die **4 Vs der Kommunikation**. Bevor Sie erfahren, was es damit im Einzelnen auf sich hat, möchte ich Ihnen eine kurze Geschichte schildern. Wer viel kommuniziert, führt immer wieder Gespräche, die sich als vielversprechend oder gar richtungsweisend erweisen. Der Eindruck, den ich von meinem Gesprächspartner dadurch gewinne, scheint zunächst sehr gut und aussichtsreich. Meine Ideen kommen an und werden nicht selten sogar ganz besonders gelobt. Die Chemie stimmt und wir sind uns am Ende eines solchen Gesprächs einig, uns zeitnah wieder zu kontaktieren oder us erneut zu treffen.

Denn mein Gesprächspartner ist von meiner Idee so überzeugt, dass er sie nicht nur unbedingt seinem Vorgesetzten empfehlen wird. Mehr noch, er sieht die allerbesten Chancen, dass sich hieraus eine langfristige und erfolgreiche Zusammenarbeit entwickelt. Er wird auch nicht müde, dies immer wieder zu betonen. Mit einem sehr guten Gefühl trennt man sich und malt sich im Geiste bereits aus, wie hervorragend die Kooperation funktioniert und wie ausgezeichnet meine Dienstleistung, das Produkt oder auch das Vorstellungsgespräch angekommen ist. Sicherlich wird es in den nächsten Tagen zu einem vertiefenden Gespräch, auch mit der Geschäftsführung des Unternehmens kommen.

9 Die 4 Vs für eine ehrliche und wertschätzende Kommunikation | **65**

»Konzentration auf das Hauptziel bleibt der Schlüssel zum Erfolg.« (Cyril Northcote Parkinson)

Ich bin kein Spielverderber, aber ich löse diese rosarote Geschichte gerne einmal auf: In 95 % der Fälle entwickelt sich nichts. Wenn es ein weiteres Gespräch oder gar ein Angebot gibt, ist dieses meist so weit entfernt von dem, was man im ersten Gespräch besprochen hat, dass man enttäuscht ablehnt.

Was ist denn aus dem guten Erstgespräch geworden, was aus den Chancen und was aus der avisierten Zusammenarbeit. Habe ich mich so in meinem Gesprächspartner getäuscht oder habe ich ihn etwa einfach falsch verstanden? In diesem Kommunikationsverlauf hat eines der 4 V gefehlt, die Sie auf den folgenden Seiten näher kennenlernen, und am Ende stellte sich heraus: Es war nicht mehr als ein »netter« Small Talk. Meine Erfahrung: Weitere Versuche, in diesem Gespräch doch noch etwas zu erreichen, werden scheitern, und zwar in 99,9 % der Fälle.

Um mit den Worten von Martin Luther King zu sprechen: »I have a dream.« Ich habe einen Traum, dass wir unsere (Business-)Gespräche einmal mit größerer Ehrlichkeit und Verbindlichkeit führen und alle 4 Vs gelebt werden: **Vertrauen**, **Verbindlichkeit**, **Vorbereitung** und **Verantwortung**. In diesem Zusammenhang habe ich vor vielen Jahren einen Satz geprägt: »Ich kann mit einem Nein leben, aber ich möchte es hören.« Darin besteht für mich ein gutes und professionelles Geschäftsgebaren, ein ehrlicher, respektvoller und wertschätzender Umgang miteinander. Lassen Sie mich in diesem Sinne Ihnen die 4 Vs vorstellen und erläutern.

1. Vertrauen

»Alles Reden ist sinnlos, wenn das Vertrauen fehlt.«
Franz Kafka

Vertrauen bildet die Basis aller Zusammenarbeit, ja sogar des Zusammenlebens. Vertrauen ist eines der größten Geschenke, die man vor, in und nach einem Gespräch erhalten kann. Sicherlich kennen Sie den Begriff »Vertrauensvorschuss«. Diesen Vertrauensvorschuss gibt Ihnen der seriöse Gesprächspartner ebenso wie Sie ihm. Eine Garantie gibt es freilich nicht, aber ohne Vertrauen geht gar nichts. Vertrauen ist das starke Fundament für alles Gute, sei es ein Gespräch, ein Projekt oder etwas anderes.

Vertrauen bedeutet auch Interesse an meinem Gegenüber und an dessen Themen. Vertrauen zeige ich ihm, indem ich an das glaube, was er sagt, indem ich ihn ernst nehme. Durch mein Vertrauen, das ich ihm entgegenbringe, zeige ich ihm, wie wichtig er oder sie mir ist und wie wertvoll das Gespräch für mich persönlich ist. Der Vertrauensentzug ist ein klares KO für jede Form der Verbindung, ganz besonders aber in der Kommunikation.

Ich freue mich immer wieder, wenn ich Menschen begegne, denen dieser Punkt ebenso wichtig ist wie mir, und wenn ich sehen, spüren und hören darf, dass sie Vertrauen leben und zeigen. Wenn ein Gespräch, die Sympathie und das Interesse echt sind. Sehen Sie das genauso? Wie wichtig ist Ihnen gegenseitiges Vertrauen in einem Gespräch?

Und lassen Sie mich eines ganz klar ansprechen. Erfahre ich kein Vertrauen und bin ich selbst nicht bereit, es zu geben, dann gibt es kein Gespräch, sondern nur leere Worte (vgl. Kapitel 25).

So unterstreichen Sie den Wert des Vertrauens – Formulierungsbeispiele
»Unser langjähriger Partner, der uns stets unterstützt hat, bietet einen zuverlässigen und transparenten Service an.«
»Durch regelmäßige offene Kommunikation und ehrliche Rückmeldungen haben wir eine vertrauensvolle Beziehung zu unseren Kunden aufgebaut.«
»Unsere Mitarbeiter sind der Schlüssel zu unserem Erfolg, und wir schätzen ihr Engagement und ihre Integrität.«
»Wir halten uns an unsere Versprechen und liefern qualitativ hochwertige Produkte pünktlich und zuverlässig.«
»Unser Unternehmen legt großen Wert auf Ethik und Integrität.«

2. Verbindlichkeit

> »Die Versuchung zur ›freundlichen Unverbindlichkeit‹ ist die Ursünde des modernen Menschen.«
> Albert Camus

Bitte lassen Sie mich mit Oberflächlichkeit und Unverbindlichkeit in Ruhe. Bevor ich mit einer solchen Einstellung in die Kommunikation und in das Miteinander gehe, sollte ich mich besser zurückziehen und aufhören zu sprechen. Verbindlichkeit ist Pflicht in jedem Austausch. Wertschätzung, Respekt, Achtung, vor allem aber auch die Anerkennung meines Gegenübers. Seit über 30 Jahren ist die Kommunikation eines meiner wichtigsten Themen und ich mag keine unverbindlichen Menschen. Denn alles, was sie sagen, hat wenig bis gar keinen Wert, weil es eben nicht verbindlich ist.

Mit oberflächlichen, arroganten oder überheblichen Menschen zu sprechen ist vergeudete Zeit, denn ein unverbindliches Gespräch, das in fast jedem Wort bröckelt, kann sicherlich nicht das Fundament einer erfolgreichen und festen Geschäftsbeziehung sein. Nur wenn ich hinter dem stehe, was ich tue, was ich wiedergebe, was ich erreichen möchte, bin ich verbindlich. Dies ist die Basis für jeden guten Austausch und damit für alles, was sich daraus ergibt.

Verbindlichkeit enthält nicht umsonst das Wort »Verbindung« und genau um eine feste Verbindung zwischen den Gesprächspartnern geht es. Meine Glaubwürdigkeit hängt davon ab, mein Ansehen und meine Reputation. Verbindlich zu sein ist eine Auszeichnung, die ich besitze und an meinen Gesprächspartner übergebe. Ein wertvolles Geschenk mit einer großen Verantwortung. Diese muss ich bereit sein zu übernehmen. Wenn ich das nicht kann oder nicht möchte, dann sollte ich keine Gespräche führen, in denen es um Entscheidungen geht.

Ich erinnere mich an den Werbespot einer Bank vor einigen Jahren: »Mein Haus, mein Auto, mein Pool etc.« Solche Menschen, die genau diese oder eine ähnliche Wortwahl pflegen, sind nicht selten unverbindlich, distanziert, abweisend und im Endeffekt nur an sich selbst interessiert. Narzissmus ist ihnen nicht fremd und das eigene Interesse steht nicht nur im Vordergrund, nein, es wird wie eine Gallionsfigur, wie eine Monstranz hochgehalten, stolz präsentiert und vor sich hergetragen.

Für ein Späßchen sind solche Menschen gut, für eine wertebasierte Kommunikation? Vergessen Sie es. Am besten, Sie drehen sich gleich auf dem Absatz um, wünschen ein schönes Leben und gehen Ihrer Wege. Vor Kurzem habe ich eine Aussage in einem Spot aufgeschnappt, die hier perfekt passt: »Wären wir doch nur Fremde geblieben.« Das trifft es genau.

> **So unterstreichen Sie den Wert der Verbindlichkeit – Formulierungsbeispiele**
>
> »Sehr geehrte Frau Müller, vielen Dank für Ihr Interesse an unserem Produkt. Ich verpflichte mich persönlich dazu, Ihnen bis zum Ende dieser Woche ein maßgeschneidertes Angebot zuzusenden.«
>
> »Liebes Team, ich möchte euch versichern, dass ich mich fest dazu verpflichte, eure Feedbacks zu berücksichtigen und bis zum nächsten Meeting konkrete Maßnahmen zur Verbesserung vorzustellen.«
>
> »Sehr geehrter Herr Schmidt, ich stehe zu meinem Wort und verspreche Ihnen, dass ich die von Ihnen angefragten Informationen bis spätestens morgen früh in Ihrem Postfach haben werde.«
>
> »Liebe Kolleginnen und Kollegen, ich möchte euch versichern, dass ich mich dazu verpflichte, unsere wöchentlichen Team-Meetings pünktlich zu beginnen und effizient zu leiten, um unsere Ziele zu erreichen.«
>
> »Sehr geehrte Kunden, ich garantiere Ihnen persönlich, dass unser Unternehmen sich verbindlich dafür einsetzt, Ihre Anfragen und Probleme innerhalb von 24 Stunden zu bearbeiten und Ihnen eine zufriedenstellende Lösung anzubieten.«

3. Vorbereitung

> »Vor allem anderen ist Vorbereitung der Schlüssel zum Erfolg.«
> Alexander Graham Bell

Eine gute Vorbereitung ist das A und O für jedes erfolgreiche Gespräch. Für mich hat Vorbereitung etwas mit Wertschätzung, Respekt und Achtung gegenüber meinem Gesprächspartner und der Zeit, die er sich für mich und mein Thema nimmt, zu tun. In ein wichtiges, entscheidendes Gespräch zu gehen, ohne sich vorab mit dem anderen, dessen Werdegang und Thema zu beschäftigen, halte ich persönlich für respektlos und für verschwendete Zeit.

Mein Bestreben bei der Vorbereitung eines wichtigen Gesprächs sollte immer sein: wertvolle, verwertbare Vorabinformationen zu erhalten. Und so empfehle ich Ihnen dabei vorzugehen:
- recherchieren
- sammeln
- auswerten
- zusammenfassen
- aufbauen
- und die recherchierten Informationen gezielt in der Kommunikation einsetzen

Schließlich soll das Gespräch ja fruchtbar sein und sich hieraus gegebenenfalls weitere Perspektiven wie ein neuer Job, eine Kooperation oder andere Formen der Zusammenarbeit ergeben.

Ich beobachte immer wieder, dass einige Menschen sich nicht oder kaum auf ein Gespräch vorbereiten, und habe das Gefühl, dass manche mit dem sorglosen Gedanken »Es wird schon gut gehen« oder »Alles wird sich irgendwie fügen« an die Sache herangehen. Dass dies nicht ansatzweise OK ist, wissen leider viele dieser Menschen und fordern eine gute Vorbereitung ihres Gesprächspartners nicht selten explizit für sich ein, wenn sie angesprochen werden. In der Ausführung jedoch sind sie dann wesentlich »großzügiger«.

Diese sorglose Einstellung führt in den allermeisten Fällen zu einem negativen Ausgang. Da klingen Sätze wie »Es hat halt nicht sein sollen«, »Dann halt ein andermal« wie fadenscheinige Entschuldigungen, die man sich selbst gibt, obwohl man nicht daran glaubt. Eben weil man es besser weiß, jedoch nicht besser gemacht hat. Das bekannte Handeln wider besseren Wissens. Was glauben Sie, wie viele wunderbare geschäftliche Beziehungen dadurch im Keim erstickt werden. Ich schätze, ungefähr 75% aller Gespräche. Und um Ausreden sind wir alle doch selten verlegen. »Es war eben nicht mein Tag« oder »Der Gesprächspartner war ein harter Hund« und was es sonst noch für selbstgestrickte Antworten gibt.

Ich kann Ihnen nur immer wieder empfehlen, sich auf ein Geschäftsgespräch gut vorzubereiten. Hier sage ich immer: »Wer sich gut vorbereitet, der muss weniger nachbereiten.«

> **So unterstreichen Sie den Wert einer gelungenen Vorbereitung – Formulierungsbeispiele**
>
> »Dank einer gründlichen Vorbereitung präsentierte das Team die Ergebnisse des Projekts mit Selbstbewusstsein und Klarheit, was zu einem überzeugenden Vortrag vor dem Vorstand führte.«
>
> »Die sorgfältige Vorbereitung auf das Kundengespräch ermöglichte es dem Vertriebsmitarbeiter, gezielt auf die Bedürfnisse des Kunden einzugehen und maßgeschneiderte Lösungen anzubieten.«
>
> »Die erfolgreiche Umsetzung des Events war das Ergebnis einer umfassenden Vorbereitung, die alle Details von der Location bis zum Zeitplan berücksichtigte.«
>
> »Die effektive Präsentation der Quartalsberichte war das Resultat einer systematischen Vorbereitung, die eine gründliche Analyse der Daten und eine klare Strukturierung der Informationen einschloss.«
>
> »Die reibungslose Durchführung des Meetings war das Ergebnis einer vorherigen Vorbereitung, die sicherstellte, dass alle Teilnehmer über die relevanten Unterlagen und Informationen verfügten und die Agenda klar definiert war.«

4. Verantwortung

> *»Der Weg zum Ziel beginnt an dem Tag, an dem du die hundertprozentige Verantwortung für dein Tun übernimmst.«*
> Dante Alighieri

Sicherlich kennen Sie den Satz: »Ein gesprochenes Wort kann man nicht zurückholen.« Diesen sollten sich einige Menschen gut merken, bevor sie beginnen zu sprechen und zu argumentieren. Denn ich trage Verantwortung, nicht nur für mich und das, was ich sage, sondern auch für mein Gegenüber. Darauf mag der eine oder andere vielleicht erwidern: »Ich kann doch nichts dafür, wenn mich mein Gesprächspartner nicht versteht.« Aber so einfach wollen wir es uns doch nicht machen, denn warum führe ich überhaupt das Gespräch? Nun, um meinen Gesprächspartner zu überzeugen, aufzuklären, zu informieren, zu motivieren und zu gewinnen. Das bedeutet also, dass ich mit meiner Sprache das, was ich zu sagen habe oder manchmal auch glaube sagen zu müssen, genau so formulieren muss, dass mich die andere Person versteht und sich weder beleidigt, bevormundet, übergangen oder angegriffen fühlt.

> Ich trage nicht nur für das, was ich erzähle, Verantwortung, sondern auch dafür, dass es beim Empfänger entsprechend ankommt.

> **So unterstreichen Sie den Wert der Verantwortung – Formulierungsbeispiele**
>
> »Indem wir uns als Team gegenseitig unterstützen und unsere individuellen Verantwortlichkeiten klar kommunizieren, tragen wir gemeinsam zum Erfolg unseres Projekts bei.«
>
> »Durch regelmäßige Überprüfungen und transparente Berichterstattung übernehmen wir die Verantwortung für unsere Handlungen und bleiben auf Kurs, um unsere Ziele zu erreichen.«
>
> »Indem wir uns bewusst sind, dass jeder von uns für seine Handlungen verantwortlich ist, schaffen wir eine Kultur des Vertrauens und der Zuverlässigkeit in unserem Unternehmen.«
>
> »Wir erkennen an, dass Fehler unvermeidlich sind, aber indem wir Verantwortung übernehmen und aus ihnen lernen, können wir uns kontinuierlich verbessern und wachsen.«
>
> »Die Bereitschaft, Verantwortung zu übernehmen, zeigt nicht nur unsere Professionalität, sondern auch unsere Entschlossenheit, die Herausforderungen des Geschäftslebens konstruktiv anzugehen und zu meistern.«

Das Sender-Empfänger-Modell

Denken Sie an das klassische Sender-Empfänger-Modell. Dieses Modell wurde vor über 40 Jahren von Claude E. Shannon und Warren Weaver entwickelt. Darin spielt Verantwortung eine große Rolle. Denn ich setze mich mit mir und meinem Gesprächspartner auseinander und wähle die Worte mit Bedacht und Respekt. Im Buch »Responsible Communication« von Gabriele Faber-Wiener fasst die Autorin dieses Vertrauen sehr gut zusammen: »Kommunikation ist ein Spiegel der Haltung. Kommunikation von Verantwortung und Werten erst recht. Hier herrschen von Seiten der Rezipienten höhere Ansprüche als bei allen anderen Kommunikationsthemen. Die proklamierten Werte werden hinterfragt und mit den eigenen Erfahrungen abgeglichen.«[4]

Sie sehen also, wie wichtig die Verantwortung für das gesprochene Wort ist. In einer wertvollen, nachhaltigen Kommunikation ist sie nicht wegzudenken. Sie ist unverzichtbar.

> **Das Sender-Empfänger-Modell**
>
> Das Sender-Empfänger-Modell ist ein grundlegendes Konzept in der Kommunikation, das den Prozess der Übertragung von Informationen von einem Sender an einen Empfänger beschreibt. Der Sender codiert eine Nachricht und sendet sie über einen Kommunikationskanal an den Empfänger, der die Nachricht decodiert. Dabei können verschiedene Störungen auftreten, die die Effektivität der Kommunikation beeinträchtigen. Durch Feedback kann der Sender den Erfolg der Übertragung überprüfen und gegebenenfalls Anpassungen vornehmen. Das Modell betont die Bedeutung von klarer Codierung, effektiven Kanälen und gegenseitigem Verständnis für eine erfolgreiche Kommunikation.

---

4   Quelle: https://link.springer.com/book/10.1007/978-3-642-38942-9.

10 »Ich habe immer (wieder) gesagt ...« – wie Sie sich selbst schwächen

Oder: »Die Menschen müssen sich so verhalten, dass sie sich nicht zu rechtfertigen brauchen, denn eine Rechtfertigung setzt immer einen Fehler oder die Vermutung eines Fehlers voraus.« (Niccolò Machiavelli)

Mit kaum einem anderen Satz zeigt man so viel Schwäche und Unsicherheit wie mit diesem: »Ich habe immer wieder gesagt ...« Besonders eine Berufsgruppe nutzt diese Gesprächseinleitung immer wieder: die Politiker. Aber warum? Um Schuld von sich zu weisen oder als Klassenprimus zu sagen »Seht her, ich war der Erste, der es gewusst oder geahnt hat«? Für mich ist dieser Satz ein Zeichen der Schwäche. Denn wenn ich etwas vorher gewusst, es jedoch nicht geändert habe, dann war ich, aus welchen Gründen auch immer, nicht fähig dazu. Oder es war mir nicht wichtig genug, es hat mich nicht so sehr interessiert, ich hatte anderes, Besseres zu tun.

Diese Aussage zeigt Schwäche, obwohl man mit einem starken Argument glänzen möchte. Man verteidigt sich, aber gesteht damit implizit Fehler ein, die man selbst gemacht hat, obwohl man zeigen möchte, dass man immer richtig gehandelt hat oder besser gesagt handeln wollte. Sie schlagen sich selbst KO.

> **Formulierungsbeispiele**
>
> »Ich habe immer wieder gesagt ...« – jedoch nicht umgesetzt.
>
> »Ich habe immer wieder darauf hingewiesen ...« – es jedoch nicht bis zu einem endgültigen Abschluss, einem Ergebnis, weiterverfolgt.
>
> »Schließlich kann ich ja nicht alles selber machen und bin auch gar nicht für alles und jeden verantwortlich ...« – weil ich die Verantwortung gerade von mir geschoben habe.

Solche oder ähnliche Sätze hat jeder von uns schon oft gehört und sicherlich die Mehrheit auch schon mindestens einmal gesagt. Ich habe ein Team, das sich darum kümmert, kümmern soll, aber nicht gekümmert hat. Der Irrglaube, dass »Team« für »Toll, ein anderer macht's« steht, ist weit verbreitet und erfreut sich nach wie vor sehr großer Beliebtheit. Manchmal erschrecke ich vor so viel Gleichgültigkeit.

Seit vielen Jahren höre ich immer wieder solche Sätze, und wenn ich Ihnen am Anfang Glauben geschenkt habe, so sind sie heute für mich nur leeres Geschwätz. Bitte verzeihen Sie meine Deutlichkeit, aber genau die ist hier gefragt. Mein Buch ist ein Buch, das unsere Kommunikation beobachtet und analysiert, aufklärt und empfiehlt. Dabei erhebe ich nicht mahnend den Zeigefinger, bin nicht allwissend und sicherlich kein Oberlehrer. Das steht mir gar nicht zu. Aber ich möchte vermeiden, dass die Kommunikation, Ihre Kommunikation Schaden nimmt. Dafür lohnt es sich doch, Verhaltensweisen der geschäftlichen Kommunikation genau zu untersuchen.

Auf den folgenden Seiten lernen Sie bespielhaft weitere typische Sätze kennen, mit denen Sie sich in der Geschäftskommunikation unbeabsichtigt selbst schwächen. Erlebt, nicht erfunden.

»Ich wurde darüber nicht informiert.«
Schade und traurig zugleich, dass Sie nicht auf der Höhe und dem aktuellen Stand des Geschehens sind. Ein wiederkehrender Austausch und Vertrauensaufbau wären meine Empfehlung. Hinterfragen Sie sich und versuchen Sie herauszufinden, warum Sie nicht informiert wurden. Mein Tipp: Bitte nicht als Sherlock Holmes, sondern als Kollege oder Kollegin. Und bitte auch nicht drohend: »Warum hat mich keiner informiert?«, sondern: »Was kann ich tun, damit mich künftig die wichtigen Informationen erreichen?« Vorausgesetzt natürlich, Sie wollen informiert werden.

»Das höre ich zum ersten Mal.«
Sicherlich nicht, sie nehmen nur, meist in die Enge getrieben, zum ersten Mal Stellung. Abläufe sind genauso wichtig wie das Ergebnis, mit dem viele sich schmücken möchten, wenn es hervorragend ist. Mein Team hat dieses Ergebnis zwar erarbeitet, jedoch präsentiere ich es so, als ob es meines wäre.

»Es muss sich etwas ändern.«
Hier passt die »Ross und Reiter«-Formel: Was muss sich ändern und wer ändert was? Wenn ich wirklich Interesse daran habe, einen Fehler nicht mehr zu machen oder eine Veränderung herbeizuführen, ist es unumgänglich, Thema, Mannschaft und Ergebnis klar anzusprechen. Eben Ross und Reiter. Diesen Part übernimmt der echte Leader. Nicht derjenige, der sich dafür hält. Nach so einem Satz möchte ich direkt im Anschluss erfahren, *was* sich ändern muss und *wer* dafür die Verantwortung übernimmt. Gab es bereits Gespräche, muss dies erst noch intern besprochen oder geklärt werden? Wann ist mit einem Ergebnis zu rechnen?

»Man müsste sich der Sache einmal annehmen.«
Mein alter Chef in der Wohnungswirtschaft kennt einige besondere Weisheiten. Eine Empfehlung jedoch war sein »Ratschlag des Lebens«: »Ersetzen Sie ›man‹ durch eine Person.« Das bedeutet: Es muss immer einen Verantwortlichen geben, der sich des Themas annimmt, es gemeinsam im Team beleuchtet und Lösungen erarbeitet. Das ist niemand, der nur bestimmt, also bitte nicht falsch verstehen. Jedoch jemand, der, wie man so schön sagt, den »Hut« aufhat. Übrigens haben Sätze mit Konjunktiven wenig Wirkung. Dürfte, könnte, möchte, würde etc. sind keine überzeugenden Einleitungen. Hier fällt mir ganz spontan der Satz ein: »Aus einem ›bald‹ sollte man viel öfter ein ›jetzt‹ machen, bevor daraus ein ›nie‹ wird. Sie kennen ihn sicherlich.

»Also, wenn ich das gewusst hätte …«
Dann hätte ich auch nichts anders gemacht. Oder soll ich höflicher formulieren: »Dann hätte ich mich natürlich sofort eingeschaltet.« Gleich wie ich es ausdrücke, das Armutszeugnis wird Ihnen ausgestellt. Was für ein Fauxpas zu sagen, man hätte von etwas nichts gewusst! Solche oder ähnliche Sätze stempeln Sie ab, sie degradieren Sie und Ihr Renommee bekommt starke Risse, bröckelt oder stürzt im schlimmsten Falle ein.

Schlagen Sie sich mit den hier vorgestellten Formulierungen bitte nicht selbst KO. Schwächen Sie sich nicht selbst. Damit so etwas nicht passiert, sollten Sie aufmerksam und ehrlich an der Sache interessiert sein. Ich weiß, im Zeitalter rasanter Entwicklungen ist es schwer, dranzubleiben, sich regelmäßig zu informieren und up to date zu sein, aber das ist Ihr Job.

Ganz entscheidend: Niemand erwartet, dass Sie alles allein machen. Selten ist einer allein für alle Fehler oder Fehlschläge verantwortlich. Aber jemand muss das Ruder übernehmen und das Wesentliche, nämlich das Ziel, das Ergebnis im Auge behalten. Übrigens muss das nicht immer der Chef oder Vorgesetzte sein. Das kann auch, warum nicht, ein Mitglied des Teams übernehmen, wenn die Person dafür geeignet ist oder über das erforderliche Potenzial verfügt. Dafür müsste man natürlich auch sein Team kennen und mit dieser ironischen Bemerkung stoße ich vermutlich in ein Wespennest.

11 In Meetings kommunikationsstark und effizient agieren

Oder: »Sag's verständlich und mach's kurz.« (Lee Iacocca)
Genau dies war die Aufgabe, die mir im Jahr 2014 von einer renommierten Hamburger Agentur gestellt wurde, für die ich einige Zeit gearbeitet hatte. Ein namhaftes mittelständisches Unternehmen benötigte einen Workshop zu diesem Thema. Es ging dem Vorstand darum, dass seine Führungskräfte nicht um den heißen Brei herumreden, sondern gleich auf den Punkt kommen. Das unnötige Gerede nervte ihn seit Langem, und nun wollte er es möglichst abstellen und durch Effektivität und Effizienz ersetzen. Fasse dich kurz, langweile mich um Gottes Willen nicht und bringe mir verbindliche Entscheidungen und Ergebnisse.

Ich habe fast 15 Jahre lang Meetings in der Wohnungswirtschaft vorbereitet und geleitet. Die Herausforderung war, etwas in einem begrenzten Zeitfenster vorzustellen, darüber zu sprechen und zu beschließen. Das ist eine verdammt harte Aufgabe, die es zu meistern gilt. Aber genau durch meine damalige Arbeit habe ich es gelernt, quasi in der harten Schule. Ich habe großen Respekt vor Menschen, die in solchen oder ähnlichen Jobs jeden Tag überzeugen und präsentieren, die Beschlüsse fassen, abstimmen lassen und durchführen. Ausreden gelten nicht, sie kosten Ihren Job. Ich habe die ersten Jahre meiner Freiberuflichkeit damit verbracht, junge Menschen in der Immobilienwirtschaft genau in diesen Fähigkeiten zu schulen. Ein großes Messdienstleistungsunternehmen hatte mich immer wieder damit beauftragt. So wie nun auch die Hamburger Agentur.

Lassen Sie mich Ihnen aus meiner Erfahrung vorab sechs wertvolle Empfehlungen mit auf den Weg geben, die Ihnen besonders dann helfen, wenn einmal (Beschluss-)Meetings Ihr Thema sein sollten. Mir haben diese Tipps stets sehr gut geholfen:

Tipp 1: Multiplikatoren im Vorfeld gewinnen
Wenn Sie gewichtige Themen besprechen oder gar beschließen müssen, empfehle ich Ihnen, im Vorfeld Befürworter zu finden. Menschen, die Ihrem Vorhaben, dem Thema, dem Beschluss gegenüber offen und bereit sind, Ihre Argumentation zu unterstützen. Das ist übrigens nicht schwach, sondern souverän. »Mit Frau Schulze, Herrn Schmidt und Herrn Müller konnte ich bereits über das Thema sprechen. Sie sehen ebenso wie ich die Notwendigkeit und stehen als Fürsprecher zur Verfügung.« Wenn ich einen solchen oder ähnlichen Satz in meine Präsentation einfüge, dann ist das möglicherweise noch nicht die berühmte »halbe Miete«, aber sicherlich ein riesengroßer Schritt nach vorne in die richtige Richtung. Nun ergänzen Sie diesen Satz noch mit den Worten: »Dafür danke ich ihnen sehr.« Können Sie die Kraft aus diesem Satz herauslesen? Sie

werden feststellen, dass es viel weniger Gegenwind geben wird. Manchmal vielleicht sogar nur ein laues Lüftchen, wenn überhaupt. Viel Erfolg beim Ausprobieren.

Tipp 2: Weniger ist mehr
Verzetteln Sie sich nicht und vor allem überschätzen Sie den zur Verfügung stehenden Zeitrahmen nicht. Lieber setzen Sie einige Punkte weniger auf die Tagesordnung, anstatt diese »vollzupacken« und am Ende festzustellen, dass Sie ordentlich rudern müssen und ins Schwitzen kommen. Dann besteht die Gefahr, dass Sie ungenau werden, sich verzetteln und am Ende nicht ansatzweise das erreicht haben, was Sie sich vorgenommen hatten. Oftmals sind weitere Meetings die Notlösung. Wobei Sie sich sicherlich vorstellen können, mit welcher Einstellung und Laune die Teilnehmer zum nächsten Meeting erscheinen.

Hinweis: Dieser Fehler wird leider viel zu häufig gemacht. Das ist ganz klar Handeln wider besseres Wissen. Denn in der Regel weiß der Verantwortliche, dass er nicht alle Themen besprechen kann. Somit muss er beim nächsten Meeting wieder »schieben«. Hier unterscheidet sich mehr als deutlich die souveräne, echte Führungskraft von der »vorgesetzten«, ahnungs- und leider oft auch orientierungslosen Führungskraft. Stellen Sie sich nur vor: Auf einer Agenda sind Themen Ihrer Mitarbeiterinnen und Mitarbeiter, die diese vorstellen und diskutieren wollen. Themen, die Ihrem Team wichtig sind, die Sie sogar selbst auf die Tagesordnung genommen haben. Bedenken Sie den Schaden an der Zusammenarbeit, der Wertschätzung und an dem einzelnen Mitarbeiter. Was mag dieser denken, wenn Sie sein Thema auf die nächste oder gar übernächste Tagesordnung setzen, weil es heute »aus Zeitgründen« nicht besprochen werden konnte? Es konnte nicht besprochen werden, weil Sie nicht in der Lage waren, Ihren Job zu machen. Das Resultat wird sein, dass man Sie weniger ernst nimmt und die Unzufriedenheit unter Ihren Mitarbeiterinnen und Mitarbeitern rasant zunimmt. Dies kann Ihnen nicht gleichgültig sein. Sie haben als Leiter, als Führungskraft, als Vorgesetzter gerade versagt und das auf ganzer Linie. Von dem Schaden an Ihrem Renommee ganz zu schweigen.

Tipp 3: Die besten Argumente
Sie brauchen sehr gute Argumente mit gleichermaßen hervorragend vorbereitetem Inhalt. Sie müssen überzeugen und dadurch die Teilnehmer gewinnen. Zuvor jedoch müssen Sie sie abholen und das ist einer der schwersten Parts. Sicherlich stimmen Sie mir zu.

Hinweis: Was jedoch hinzukommt und niemals zu unterschätzen ist: Haben Sie sich im Vorfeld mit dem Thema auseinandergesetzt oder »war keine Zeit dafür, weil Sie so viel zu tun hatten«? Wenn Sie vor Ihren Leuten stehen, die von Ihnen Informationen erwarten (dürfen), sollten sie diese auch erhalten. Wenn Sie nicht bestens informiert sind, wie wollen Sie andere informieren? Wenn Sie nicht für dieses Thema »brennen«, wie wollen Sie das Feuer in anderen entzünden? Wenn Sie zweifeln, wie wollen Sie die Zweifel der Teilnehmer ausräumen? Wenn Sie nicht hinter Ihrer Präsentation, dem Aufbau und dem Inhalt stehen, wie können Sie dann auch nur ansatzweise davon ausgehen, dass Ihr Team es tut?

Sie glauben nicht, wie oft ich von Leitern des Meetings Sätze gehört habe wie: »Genaueres kann ich hierzu leider auch nicht sagen« oder »Wenn Sie Fragen haben, müsste ich erst nochmal nachschauen« oder »Lassen Sie die Ergebnisse erst einmal in Ruhe auf sich wirken, wir sprechen gern, wenn Sie es mögen, beim nächsten Mal darüber«.

Einer der klassischen KO-Sätze lautet: »Ich habe die Präsentation erst heute Morgen erhalten.« Wie bitte? Die ist gar nicht von Ihnen, Sie haben sie nicht selbst erstellt, sondern erstellen lassen? Noch deutlicher können Sie mir nicht zeigen, dass Ihnen das Meeting, die Themen, das anschließende Umsetzen und vor allem Ihre Teilnehmer nicht so wichtig sind.

Tipp 4: Betonen Sie die Notwendigkeit von Entscheidungen und Maßnahmen
Sprechen Sie klar und ohne Umschweife die Notwendigkeit von Entscheidungen und Maßnahmen an. Versuchen Sie sich einige wichtige Punkte aufzuschreiben, die das Handeln rechtfertigen. Und als »Joker«, der Sie übrigens aufwertet und Ihre Kompetenz unterstreicht, zeigen Sie auf, was passieren kann, wenn keine Entscheidung getroffen wird. »Und das erlaube ich mir ebenso in das Protokoll aufzunehmen. Um die Haftung für mich auszuschließen und als Nachweis, dass ich Sie rechtzeitig darüber informiert habe.« Das wirkt manchmal wahre Wunder – denn: »Was Du heute kannst besorgen ….«, das verschiebt mancher gern auf Morgen oder auf unbestimmte Zeit.

Hinweis: Notwendigkeit bedeutet Handlung und das nicht selten zeitnah. Wenn Gefahr in Verzug ist, dann ist es Ihre Aufgabe, nein, Ihre Pflicht, ganz klar und sachlich darauf hinzuweisen. Denn genau hier hört der Spaß auf. Hier erhält Ihre Verantwortung ein neues Level: Sie müssen verbindlich und dynamisch Handeln. Sichern Sie sich ab, wenn Ihre Teilnehmer die Bedeutung, die Sie dem Thema sowie dem schnellen Handeln gegeben haben, nicht erkennen. Fixieren Sie Ihren Hinweis mit einer kurzen Erläuterung dessen, was passieren kann, sollte das Thema nicht zeitnah gelöst werden. Und glauben Sie mir, aus eigener Erfahrung darf ich Ihnen sagen: Das ist Gold wert.

Tipp 5: Bereiten Sie sich auf mögliche Fragen vor
Die Horrorvorstellung für viele Menschen: Fragen beantworten zu müssen, die sie nicht beantworten können. Mit einer guten Vorbereitung bekommen Sie das recht gut in den Griff. Und wenn Sie ganz unsicher sind, dann laden Sie zum Beispiel den Anbieter des Angebots zum Meeting ein, in dem sie gleich sprechen und abstimmen werden. Er ist der Fachmann, das müssen Sie nicht sein.

Tipp 6: Bleiben Sie authentisch
Verstellen Sie sich nicht, bleiben Sie so, wie Sie sind, sympathisch, ehrlich, an Lösungen und dem Wohl der Menschen interessiert, mit denen Sie gerade im Meeting zusammensitzen. Wenn Sie sich verstellen, haben Sie schon zwei Baustellen (das Meeting und Ihr Ich), die Sie bearbeiten müssen. Das muss nicht sein.

Viele Menschen, die meinen Workshop »Red nicht um den heißen Brei – Meetings effizient gestalten« besucht haben, wollten unbedingt, dass ich einige seiner Agendapunkte auch in diesem Buch behandeln sollte. Sie argumentierten mit dem Mehrwert, den die Leserinnen und Leser dadurch hätten. Also habe ich eine kleine Umfrage im Vorfeld gemacht und möchte Ihnen hier die Top 6 der Agenda vorstellen und erläutern.

Top 1: Der Weckruf – Klare Ergebnisse einfordern

Das bedeutet:
- klare Aussagen treffen – (nicht: »Es könnte vielleicht«)
- Antworten einfordern – (eine Antwort ist bereits ein erstes Ergebnis)
- Maßnahmen beschließen – (die nächsten Schritte und wer sie geht)

Hierzu habe ich für meinen Workshop eine einfache Übung konzipiert. Stellen Sie sich vor, Sie haben nur einen Tag Zeit, um …
1. etwas anzusprechen
2. eine Antwort zu generieren
3. ein Ergebnis zu erzielen
4. und zu handeln

Wie gehen Sie vor? Ich gebe zu, diese Aufgabe mag einfach aussehen, aber sie ist nicht ganz so einfach zu meistern. Denn Sie fordert Ihr Innerstes auf zu arbeiten. Eine der ersten Fragen lautet immer: »Zu welchem Thema, Vorgang oder Projekt?« Meine Antwort ist immer die gleiche: »Zu Ihrem.« Das ist eine *Übung*, insofern kann jeder sein Thema selbst aussuchen. Wir wollen lernen, etwas zu optimieren, da macht es in diesem Falle keinen Sinn, komplexe Projekte aufzurufen. Außerdem regt es die Fantasie an, und die ist ein guter Ratgeber, um frei arbeiten zu können. Lassen Sie mich nur so viel sagen: Es gibt kein Richtig oder Falsch, sondern lediglich eine individuelle Einschätzung. Alle erarbeiteten Antworten waren gut, oft überraschend und wohl durchdacht. Das ist doch schon einmal eine Basis für weitere Schritte. Finden Sie nicht auch?

Top 2: Ihre Erwartungen abfragen – Mitmachen statt nichts machen

Was wollen Sie denn von mir? Eine etwas saloppe Frage, im Kern jedoch berechtigt. Bevor ich vollmundig erzähle, manchmal über die Köpfe, Gedanken und Themen(wünsche) der anderen hinweg, wäre es doch sinnvoll und empfehlenswert, zuvor eine Frage zu stellen. »Was erwarten Sie von mir und von der Veranstaltung?« Das kann eine Sitzung, ein Meeting, eine Aussprache oder Vorstandsrunde sein. Übrigens sollte ich mir die gleiche Frage ebenso stellen: »Was erwarte ich von mir und von der Veranstaltung?«

Erlauben Sie mir, dass ich erneut Lee Iacocca zitiere, der den Sinn hinter diesem Thema wie kein Zweiter klargemacht hat: »Ein Redner kann sehr gut informiert sein, aber wenn er sich nicht genau überlegt hat, was er heute diesem Publikum mitteilen will, dann sollte er darauf verzichten, die wertvolle Zeit anderer Leute in Anspruch zu nehmen.« In einem zweiten Zitat ergänzte er: »Als Redner kann man sein Thema draufhaben, aber man darf nie vergessen, dass die Zuhörer mit etwas neuem konfrontiert sind.«

Damit bringt er etwas auf den Punkt, woran so viele Vorträge, Meetings, Versammlungen, Sitzungen etc. scheitern, bis dato gescheitert sind und immer wieder scheitern werden. Und wenn wir das herunterbrechen, steht erneut eine ganz einfache Frage, die es zwingend zu beantworten gilt: »Um was geht es hier und heute?«

Wenn ich Erwartungen abfrage, habe ich eine gute Grundlage für eine erfolgsversprechende Veranstaltung. Zusätzlich habe ich alle Teilnehmer integriert und, wie man so schön sagt, »abgeholt«. Weiterhin habe ich deutlich gemacht, dass hier alle mitarbeiten müssen, wenn wir zu einem gemeinsamen Beschluss bzw. Ergebnis kommen möchten.

> **Die vier Erwartungs-Fragen**
>
> Die vier Erwartungs-Fragen, die ich nicht nur anderen empfehle, sondern mir auch heute immer wieder stelle, sind für mich wichtige erste Schritte eines gelungenen Meetings.
> 1. Was erwarte ich von mir – was will ich heute erreichen?
>   Mit dieser Frage setze ich mir klare Ziele, nehme die Teilnehmer mit und fordere von mir gute Ergebnisse ein. Das ist mein Anspruch an mich und an ein gelungenes, integratives Meeting. Und bitte vergessen Sie nicht, die Zeit im Auge zu behalten. Sie wissen warum.
> 2. Was erwartet Sie heute?
>   Mit dieser Frage entwickele ich eine klare Vorstellung, was ich heute besprechen und erreichen möchte. Ebenfalls eine Anforderung an mich, denn ich stehe in der Verantwortung als Leiter eines Meetings. Für Mensch und Ergebnis.

> 3. Was erwarten Sie von mir – was ist Ihnen wichtig?
> Oder ganz direkt: »Wie kann ich Sie heute überzeugen? Was kann ich tun, wie kann ich das Meeting gestalten, so dass Sie heute etwas für sich mitnehmen und von einem gelungenen Meeting sprechen?«
> 4. Was erwarte ich von Ihnen?
> Das Überraschungsmoment ist ganz klar auf Ihrer Seite, denn mit dieser Frage, dieser Einstellung, rechnen die wenigsten. Zurücklehnen, im besten Falle aufmerksam zuhören, Kaffee trinken und Plätzchen oder Kuchen essen, war gestern. Ein Meeting ist immer eine »aktive« Veranstaltung. Und zwar für beide Seiten. Natürlich spreche ich zu Beginn genau diese Erwartungen klar an.

Wenn ich meine eigenen Erwartungen an die Seminarteilnehmer abfrage, so bedeutet dies, gleich ob in einem Meeting oder einem wichtigen Gespräch, immer vorbereitet zu sein. Erfolgsgaranten hierfür sind unter anderem:

- zielorientiertes Denken und Handeln
- lösungsorientiertes Vorgehen
- ergebnisorientiertes Arbeiten
- und die Aktivierung Ihres Gegenübers

Top 3: Was hindert mich daran zu überzeugen?

Die ersten Sätze Ihrer Rede oder Ihrer Präsentation sind ausschlaggebend für den gesamten Erfolg. Denn mit den ersten Sätzen fesseln, begeistern, beeindrucken und gewinnen Sie Ihre Gesprächspartner, Teilnehmer, Kollegen und Zuhörer. Oder auch nicht. Wenn Ihnen Ihre Teilnehmerinnen und Teilnehmer keine Aufmerksamkeit schenken, dann sind Sie allein auf weiter Flur und Ihre Vorbereitung, Ihre Rede, Ihr Gespräch waren umsonst.

> **Die entscheidenden ersten 30 Sekunden**
>
> Wussten Sie, dass Sie für Ihre ersten mitreißenden Sätze nur ca. 30 Sekunden Zeit haben? In diesen ersten 30 Sekunden Ihrer Präsentation entscheiden Ihre Zuhörerinnen und Zuhörer ob sie Ihnen weiter folgen wollen oder Ihre Worte an sich vorüberziehen lassen und sich gedanklich anderen Themen und Dingen zuwenden.

Aus der Kommunikationsforschung und Aufmerksamkeitsökonomie ist bekannt, dass ein normaler Zuhörer maximal drei Minuten mit voller Aufmerksamkeit folgen kann. Der Grund dafür ist, dass die meisten Menschen keine geschulte Kompetenz im aktiven Zuhören besitzen. Weiterhin assoziiert unser Gehirn beim Zuhören eigene Ideen, mit denen es sich bald mehr beschäftigt als mit dem, was Sie gerade sagen.

Vor einigen Jahren fand ich auf der Seite www.komma-net.de fünf Empfehlungen für die entscheidenden ersten Sekunden Ihrer Rede. Vieles davon habe ich übernommen und weiterentwickelt. Gerade für mein Buch habe ich abermals nach dieser Seite geschaut, die es leider nicht mehr gibt. Dafür habe ich auf der Nachfolgeseite www.wirtschaftswissen.de die Liste erneut gefunden und möchte Ihnen diese hier gern vorstellen.

> **Fünf Ideen für die wichtigsten Sekunden Ihrer Rede[5]**
>
> **1. Die Schlagzeile**
> Geben Sie Ihrem Vortrag einen interessanten Titel, der die Neugier Ihrer Zuhörerinnen und Zuhörer weckt. Zum Beispiel: »Mehr Qualität, niedrigere Kosten: Ich präsentiere Ihnen jetzt, wie Sie das verwirklichen können.« Oder: »Ausfalltage senken durch Mitarbeitermotivation: Eine der effektivsten Möglichkeiten stelle ich Ihnen jetzt vor.« Besonders gut kommt Ihr Titel bei Ihren Zuhörern an, wenn sie sofort einen Vorteil für sich darin erkennen.
>
> **2. Die Frage**
> Beginnen Sie mit einer Frage, beispielsweise einer rhetorischen Frage oder einer Sachfrage. Zum Beispiel: »Wissen Sie, wie lange Ihnen Ihre Mitarbeiter in Teambesprechungen aufmerksam zuhören?« Oder: »Wissen Sie, wie viele Krankheitstage ein Mitarbeiter im Durchschnitt hat?« Je interessanter die Frage, desto besser. Wenn dann auch noch die Antwort verblüffend ist, haben Sie die Sache schon für sich entschieden.
>
> **3. Der aktuelle oder geschichtliche Bezug**
> Stellen Sie einen Bezug zwischen Ihrem Thema und einem aktuellen beziehungsweise geschichtlichen Ereignis her. Etwa so: »Deutschland muss sparen – so der Tenor eines Artikels, den ich heute Morgen in der Süddeutschen Zeitung gelesen habe. Und auch unsere Abteilung muss sparen. Darum, nämlich um die Frage, wie wir das ohne negative Begleiterscheinungen bewerkstelligen, geht es jetzt.« Oder: »Was ist das heute für ein besonderer Tag! Genau heute vor 16 Jahren, am 29. September 1995, kam die erste Play Station in Europa auf den Markt. Und ich präsentiere Ihnen jetzt ebenfalls eine brandneue Idee, die sich wie die Play Station in kürzester Zeit durchsetzen wird.«
>
> **4. Das Kompliment**
> Machen Sie Ihren Zuhörern ein Kompliment, indem Sie beispielsweise herausstellen, wie sehr Sie die Kompetenz der Anwesenden zu schätzen wissen. »Über 500 Jahre Erfahrung in der Personalführung sind hier im Raum. Jeder von Ihnen ist seit etwa 10 Jahren in einer Position, die mit Personalverantwortung verbunden ist.«
>
> **5. Die Magie der Zahl Drei**
> Kündigen Sie Ihrem Publikum an, dass Ihre Rede nur drei Punkte hat. Denn drei Punkte kann sich jeder Zuhörer leicht merken. Dann benennen Sie diese Punkte, zum Beispiel so: »In meinem Vortrag geht es um Innovation. Und Innovation besteht aus nur drei Teilen: 1. Aufgabendefinition, 2. Ideensuche und 3. Umsetzung.«

Denken Sie dabei auch gern einmal an das humorige Zitat von Groucho Marx, dem US-amerikanischen Schauspieler und Entertainer: »Bevor ich mit der Rede beginne, habe

---

5   Quelle: www.wirtschaftswissen.de.

ich etwas Wichtiges zu sagen.« Das wäre vielleicht ein schöner Eröffnungssatz für Ihre Präsentation. Oder wie in dem deutschen Film *Contra*, als die Studentin ihren Vortrag mit den Worten »Ich schwöre, dass ich die Wahrheit sage, die ganze Wahrheit, auch wenn ich lügen werde, wie gedruckt« begann. Die Lacher wären sicherlich auf Ihrer Seite und damit die Aufmerksamkeit ebenso – alles richtig gemacht.[6]

Mir haben diese Empfehlungen sehr geholfen, als ich sie vor über zehn Jahren das erste Mal las, für mich aufbereitete, optimierte, verinnerlichte und später umsetzte.

Basierend auf diesen Empfehlungen, verbunden mit meiner Erfahrung und vielen Gesprächen, Workshops und Coachings, habe ich die Frage »Was hindert mich daran, zu überzeugen?« erarbeitet und beantwortet. Stellen Sie sich diese sechs intensiven Fragen und seien Sie dabei möglichst ehrlich zu sich.

1. Bin ich überzeugt von dem, was ich tue, präsentiere und vertrete?
2. Wie bereite ich mich vor. Immer wieder neu und einzelfallbezogen oder setzt auch bei mir die Routine ein?
3. Wie überzeugend bin ich, wie werde ich wahrgenommen? Werde ich überhaupt wahrgenommen?
4. Welche persönlichen Eigenschaften und Stärken (Soft Skills) bringe ich mit?
5. Wie fühle ich mich nach meiner Präsentation, dem Gespräch, Meeting, dem Geschäftstermin?
6. Wann ist mir, meiner Meinung nach, eine Präsentation gelungen?

Top 4: Das Wichtigste passiert hier und jetzt

Als Gesprächsführer oder Leiter eines Meetings sollten Sie immer auf Folgendes achten:

1. Vergessen Sie Hierarchien.
   Führen Sie respektvoll und wertschätzend, ohne jedoch in Ehrfurcht vor anderen zu erstarren.
2. Verlangen Sie klare Aussagen und klare Positionierungen.
   Kein »Man müsste«, »eventuell«, »vielleicht« oder sonstige wachsweiche Antworten. Klare Kante zeigen, klar positionieren und ebenso klar argumentieren und einfordern. Klingt vielleicht etwas hart, aber nur so geht es.
3. Vermeiden Sie Grundsatzdebatten.
   Sie sind der Leiter dieses Meetings und stehen als solcher in der Gesamtverantwortung. Mein ehemaliger Mentor hatte immer gesagt: »Du hast das Drehbuch in der Hand. Lass es Dir von niemandem wegnehmen.« Passen Sie auf, dass Sie

---

6 Quelle: https://www.wirtschaftswissen.de/unternehmensgruendung-und-fuehrung/unternehmenskommunikation/rhetorik/in-30-sekunden-entscheidet-sich-ob-man-ihnen-zuhoert/.

sich nicht in den Wirren des »Klein-Klein« verfangen und irgendwann zusehen, wie Ihnen die Veranstaltung entgleitet und die Diskussionen vom Hundertsten ins Tausendste abdriftet. Setzen Sie vorher ein klares »Stop«, um dann souverän nach Ihrem Drehbuch weiterzumachen.

Top 5: Achten Sie auf Sachlichkeit

Ganz objektiv sind wir alle nicht, auch wenn wir es manchmal versuchen oder gar von uns behaupten. Wenn Herzblut, Empathie, Persönlichkeit, Engagement und Leidenschaft mitspielen, ist eine zu 100 Prozent objektive Ausrichtung unmöglich. Bitte ersticken Sie aufkommende Reibereien oder Konflikte gleich im Keim. Bedenken Sie: Aus einem kleinen Funken kann ein Waldbrand werden. Lassen Sie dies nicht zu, indem Sie eine solche Entwicklung frühzeitig unterbrechen und auf die gebotene Sachlichkeit hinweisen. Sollte der Störenfried uneinsichtig sein, so verweisen Sie ihn nach erneutem Unterbrechen und vorheriger Ankündigung (Warnung) des Raumes. Das klingt ebenfalls hart, jedoch ist ein solcher Unruheherd gänzlich ungeeignet, klare, gewichtige Entscheidungen zu treffen, da er nicht unter Kontrolle zu halten ist. Wer nicht trennen kann, der wird getrennt, und zwar von Ihnen. Dies sollte jedoch der letzte Schritt sein. Versuchen Sie durch Ihr Standing die Spur zu halten oder wieder dahin zurückzufinden. Wie bereits erwähnt: Es ist Ihr Drehbuch.

In diesem Zusammenhang gestatten Sie mir einen bedeutenden Hinweis. Konsequenz ehrt Sie. Bleiben Sie hart, setzen Sie sich durch und gehen Sie notfalls bis zur letzten Konsequenz. Und wenn Sie jetzt fragen, wie weit Ihre Konsequenz geht, dann möchte ich aus eigener Erfahrung sprechen. Im jungen Alter von 22 Jahren habe ich einen »Störenfried« auf einer Eigentümerversammlung von der Polizei entfernen lassen. Ich musste dies zum Glück nie wieder tun, aber durch meine konsequente Handlung verschaffte ich mir Respekt bei den Teilnehmern. Alle künftigen Versammlungen verliefen stets reibungslos, angenehm und erfolgreich. Wenn Sie Konsequenzen nur androhen und nicht aktiv handeln, vielleicht sogar zwischendrin abbrechen, dann werden Sie es immer schwer haben, Respekt aufzubauen.

Top 6: Kein Meeting, keine Besprechung ohne klares Ergebnis

»Wir bleiben hier so lange sitzen, bis wir einen Beschluss gefasst haben.« Das war spaßig gemeint und geht natürlich nicht. Wichtig ist jedoch, dass Sie, bereits im Vorfeld, eine ganz klare Ansage machen. Denken Sie an die vier Erwartungs-Fragen aus Top 2: »Das erwarte ich von Ihnen.«

»Wer schreibt das Protokoll?«
Wissen Sie, warum Meetings so einen schlechten Ruf haben. Wie immer ist es ein einfacher Satz, der dies erklärt: »Weil selten Entscheidungen getroffen werden, man zu lange über Unbedeutendes spricht und am Ende fast immer alles im Sande verläuft.«

Eine Frage höre ich in Meetings immer wieder: »Wer schreibt das Protokoll?« Eine wirklich undankbare Aufgabe, vor der sich die meisten drücken. Ein Praktikanten-Job? Nein, die Arbeit eines Profis, der weiß, worauf es bei einem Protokoll ankommt. Ich habe während meiner Tätigkeit in der Wohnungswirtschaft fast 15 Jahre meine Protokolle stets selbst geschrieben. Mein Erfolgsgeheimnis: das Minimax-Prinzip. Ich erkläre es Ihnen gerne.

Das Minimax-Prinzip bei Protokollen

Der englische Dichter Robert Browning hat den Satz geprägt: »Weniger ist mehr.« Wenn wir diesen Satz bei der Erstellung eines Protokolls zum Beispiel für ein Meeting verinnerlichen, dann sollten wir die nachfolgenden vier Punkte unbedingt beachten:

1. Schreiben Sie stets ein Ergebnis- und kein Erlebnis-Protokoll.
2. Halten Sie das Wichtigste fest.
3. Legen Sie bereits während des Vortrags, im Gespräch oder Meeting fest, wer was macht.
4. Schreiben Sie wenig und klar, anstatt viel und um den heißen Brei herum.

Das ist das Minimax-Prinzip. Ich gebe zu, den meisten wird es am Anfang schwer fallen, es umzusetzen. Aber wenn man es erst einmal verinnerlicht hat, dann ist das Verfassen eines Protokolls eine wahre Freude. Und informativ dazu. Probieren Sie es gerne einmal aus.

12 Kommunikation auf Augenhöhe

Oder: »Sollten Ihnen meine Aussagen zu klar gewesen sein, dann müssen Sie mich missverstanden haben.« (Alan Greenspan)

Kommunikationsstärke gehört wohl zu den wichtigsten und gefragtesten Soft Skills, die man für eine Vielzahl an Berufen mitbringen muss. Schon allein der Hinweis, dass mein Gesprächspartner kommunikationsstark ist, flößt so manch einem großen Respekt, vielleicht sogar ein wenig Angst ein. Die meisten kommunikationsstarken Persönlichkeiten haben Berufe, in denen sie überzeugen, gewinnen und verkaufen müssen. Es gilt, das Gegenüber mit meinen Worten zu erreichen und im besten Falle ein Geschäft daraus zu generieren. Die Mehrheit von uns würde auf die Frage »Ist Kommunikationsstärke ein Prädikat, eine notwendige Führungseigenschaft?« mit Ja antworten.

Es gibt zwei Arten der Beurteilung, die »interne«, in der ich mich selbst beurteile, und die externe, bei der ich von außen beurteilt werde. Wenn ich mich als »Kommunikationsgenie« bezeichne, bedeutet dies nicht automatisch, dass auch mein Gesprächspartner dies so sieht, und schon gar nicht, dass ich eines bin. Behaupten kann jeder viel.

Für das Auseinanderklaffen von Selbst- und Fremdbeurteilung gibt es in der Geschichte viele Beispiele, das jüngste ist der ehemalige Präsident der Vereinigten Staaten, Donald Trump. Ich kenne ihn zwar nicht persönlich, aber er war und ist sicherlich von allem, was er sagt, zu 100 Prozent überzeugt. Er sieht sich als starken Verhandlungspartner, vielleicht sogar unschlagbaren Gegner an. Seine Argumente waren, in seiner Vorstellung, stets die besten und andere hatten sich ihm gefälligst unterzuordnen. Wenn wir ihn von außen betrachten, würden ihn sicherlich viele von uns als »kommunikationsstark« bezeichnen. Dennoch gibt es gewiss eine große Zahl an Menschen, die dies nicht tut. Denn zur Kommunikationsstärke gehört zweifellos auch Sinn und Inhalt des Gesprochenen. Ebenso die Empathie und die Wertschätzung gegenüber meinen Gesprächspartnern. Wenn diese Faktoren miteinander harmonieren, dann und nur dann würde ich von Kommunikationsstärke sprechen.

Oft wird die Gabe, stark und gut zu kommunizieren, als Machtinstrument missbraucht. Wenn sich noch rhetorisches Geschick hinzugesellt, dann haben Sie es mit eine Art Übermenschen zu tun. David steht also Goliath gegenüber. Nur wissen wir alle, wie diese Geschichte ausgegangen ist. Insofern rate ich jedem »Goliath«, sich auf einen David einzustellen, sich auf ihn und seine Meinung einzulassen und dadurch zu glänzen, dass die hervorragende Kommunikationsstärke des einen es schafft, gemeinsam mit dem anderen guten Wege zu finden und zu gehen. Geben Sie von Ihrer Kommunikationsstärke etwas ab, indem Sie zusammenarbeiten, nicht gegeneinander, und behandeln Sie Ihren Gesprächspartner schon gar nicht von oben herab.

Kommunikation auf Augenhöhe

Ich möchte Ihnen in einer kleinen Abwandlung der Transaktionsanalyse die Bedeutung und Wichtigkeit einer Kommunikation auf Augenhöhe näherbringen. Wie bereits erwähnt, ist die Kommunikation auf Augenhöhe besonders erfolgreich. Warum? Weil sich die Gesprächspartner respektieren, ihr Wissen und ihre Arbeits- und Vorgehensweise ebenso wie ihre Argumentation. Hier gibt es keinen Konkurrenzkampf, hier wird nicht entschieden, wer der Bessere ist. Die Gesprächspartner wertschätzen sich und suchen nach einer gemeinsamen Lösung. Diese Art der Kommunikation ist besonders erfolgreich, und wer sie beherrscht und beherzigt, wird in der Regel gute Ergebnisse erzielen. Leider ist eine andere Kommunikationsform viel häufiger anzutreffen: nämlich die Kommunikation »von oben herab« und dadurch auch »von unten herauf«.

Zur Verdeutlichung eine kleine Zeichnung mit einer Erläuterung:

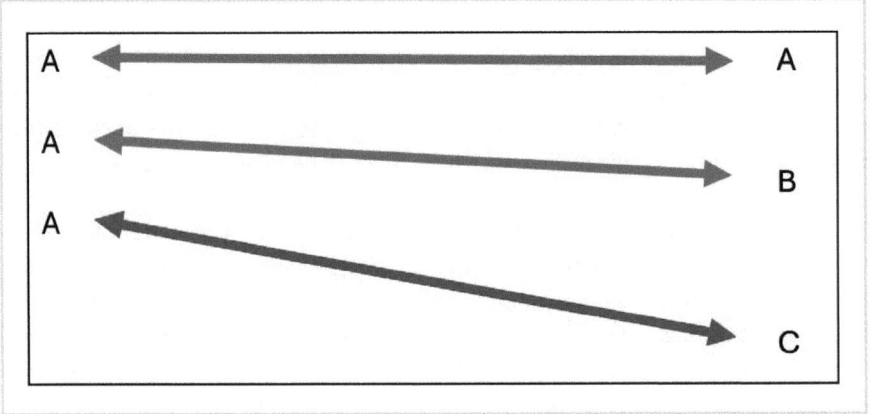

A ↔ A
sehr gute Kommunikation – optimale Ausgangssituation

Derjenige, der die Kommunikation beginnt, ist auf einer Ebene mit seinem Gesprächspartner. Wechselseitige Wertschätzung, Akzeptanz, Achtung und Respekt voreinander. Jeder profitiert vom anderen und ist an einer gemeinsamen Lösung interessiert. Ein harmonisches, erfolgversprechendes Gespräch kann beginnen.

A ↔ B
schwierige Kommunikation – keine gute Ausgangsposition

Derjenige, der die Kommunikation beginnt, führt sie in der Regel auch. Er ist eindeutig in der besseren Position. Vom Gesprächspartner B wird erwartet, dass er Fragen beantwortet und sich präsentiert, so dass es zu einem gemeinsamen Gespräch kommt, wobei A die Gesprächsführung innehat und während der gesamten Kommunikation aufrechterhält. B kann nur dann »punkten«, wenn er die Ideen, Vorstellungen und Sichtweisen von A bestätigt. Sollte B eine andere Sichtweise haben, wird dieses Gespräch für ihn in der Regel nicht erfolgreich verlaufen.

A ↔ C

nahezu unmögliche Kommunikation – erfolglose Ausgangssituation

Derjenige, der die Kommunikation beginnt, hat bereits seine Meinungsbildung abgeschlossen und ein, für ihn optimales Ergebnis im Kopf. Eigentlich benötigt er das Gespräch gar nicht. Er hat in aller Regel seine Entscheidung getroffen und teilt diese nun seinem Gesprächspartner B mit. Dieser hat kaum Chancen, seine Sichtweise ein- und seine Ideen vorzubringen. Ihm bleibt lediglich die Rolle des Erfüllungsgehilfen, des Dieners, der die Entscheidung seines Herrn ausführt.

Ich nenne diese Form der Kommunikation eine »Diktatur«. Unbarmherzig, gefühllos, kalt, egoistisch, narzisstisch, autokratisch. Das Thema interessiert ihn (A) ebenso wenig wie ein gutes Miteinander. Er setzt sich über alles und jeden hinweg und lässt sich von seinen »Bewunderern«, die keine eigene Meinung haben, feiern. In der Gruppe stark, mit Supportern erhaben und im Grunde doch ein armseliger Wicht, der sich auf dem Rücken der anderen profilieren möchte. Mein Tipp: Wenn Sie einem solchen Typus begegnen, machen Sie einen weiten Bogen um ihn. Vermeiden Sie das Gespräch und geben Sie ihm keine Plattform für seine provokante Performance.

Ich möchte Sie dazu animieren, die erste Variante (A↔A) zu verinnerlichen und, sofern Sie dies nicht bereits tun, regelmäßig anzuwenden. So und nur so haben Sie die besten Chancen, neben einer guten Kommunikation auch Anerkennung zu erwerben und gute Ergebnisse zu erzielen. Die A↔A-Variante eines Gesprächs auf Augenhöhe ist die einzig gewinnbringende und bestätigende Art der Kommunikation, die wirklich hervorragende Erfolgsaussichten hat.

Ein weiterer Vorteil: Durch diese Art des Gesprächs wird man Sie bald sehr schätzen und Ihnen vertrauen. Sie werden eine gern gesehene Führungskraft sein und haben die besten Chancen, sich beruflich und persönlich bestens weiterzuentwickeln.

13 »Ich kann mit einem Nein leben, jedoch möchte ich es hören«

Oder: »Vor allem hass' ich den Ertappten, der sein Bubenstück noch zu beschönen sucht.« (Sophokles)
Kommunikation sollte immer auf Ehrlichkeit, Aufrichtigkeit und Respekt basieren und eben auch so geführt werden. Ich denke, hier stimmen mir die meisten von Ihnen zu. Es ist nicht schlimm, ein Angebot oder einen Bewerber abzulehnen, das gehört zu unserem Business. Was allerdings verwerflich und leider gängige Praxis ist, ist das bewusste Vorspiegeln falscher Tatsachen wie in einem Kriminalfilm. Wer diese Form der Kommunikation wählt, ist unehrlich. Gerade das ist eine Praxis, die im Geschäftsleben nicht das Geringste zu suchen hat. Sicherlich sehen Sie das ähnlich, auch wenn Unehrlichkeit im Business leider weit verbreitet ist.

Seit fast 20 Jahren berate ich Unternehmen und Menschen, die sich persönlich präsentieren, um neue Geschäfte zu generieren, Ansehen zu erlangen oder einen neuen Job zu finden. Ich selbst habe zudem viele Jahre vertrieblich gearbeitet, Konzepte für Verkaufsdialoge entwickelt und Verkäufer geschult. In dieser Zeit habe ich einen Satz geprägt, den ich allen meinen Klienten und Teilnehmern gerne mitgegeben habe:

> »Ich kann mit einem Nein leben, aber ich möchte es hören. Darin liegt der Respekt und die Wertschätzung gegenüber meiner Person und meiner Expertise, die ich von Ihnen erwarte.«

Hinhaltetaktiken, falsche Hoffnungen und Unwahrheiten sind wahrlich keine gute Basis für eine fruchtbare Zusammenarbeit. Sie haben deshalb und aus vielen anderen Gründen nichts in einem Gespräch unter Geschäftsleuten und ehrbaren Menschen zu suchen. Wenn ich Loyalität und Ehrlichkeit fordere, ja sogar als Selbstverständlichkeit ansehe, so gilt dieser Grundsatz ebenso für mich.

Jeden Tag erlebe ich Menschen, die Akquisegespräche, Verkaufsgespräche oder auch Bewerbungsgespräche führen. Und jeden Tag erfahre ich, dass sie belogen, ausgenutzt und hingehalten werden. Und zwar von denjenigen, die die Offenheit, Loyalität und Ehrlichkeit so stark betonen, ja sogar als unbedingte Grundlage fordern. Wasser predigen und Wein saufen.

Entweder trauen sich diese Menschen nicht, aufrichtig ihre Meinung zu sagen, oder sie haben keinen Anstand. Einen anderen Grund sehe ich definitiv nicht, auch wenn ich immer wieder erlebe, dass man fast schon verzweifelt danach sucht. Und wer darauf angesprochen wird, der windet sich, wird meist aggressiv und versucht das, was er gesagt hat, zu revidieren. »Da haben Sie mich wohl missverstanden. Das habe ich so nicht gesagt.« »Das habe ich so nicht gemeint.«

Wenn ich nicht der richtige Kandidat bin, wenn mein Produkt oder meine Dienstleistung nicht benötigt oder gewünscht wird, wenn der andere nichts für mich tun kann oder nichts für mich hat, wenn ihm mein Gesicht nicht gefällt oder meine Persönlichkeit. Dann ist das absolut OK, jedoch erwarte ich in einem solchen Fall, dass mein Gegenüber mir das ehrlich mitteilt. Diese Offenheit muss nicht verletzend oder unverschämt sein. Aber wer im Business kommuniziert und damit auch sein Geld verdient, insbesondere aber, wer eine Führungsposition bekleidet, von dem erwarte ich nicht weniger als eine wertschätzende Formulierung und ein aufrichtiges Nein, wenn dies seine Entscheidung ist.

Im Bewerbungsprozess steht und greift hierfür das Allgemeine Gleichbehandlungsgesetz (AGG). In § 19 AGG heißt es, dass eine Benachteiligung aus Gründen der Rasse oder wegen der ethnischen Herkunft, des Geschlechts, der Religion, einer Behinderung, des Alters oder der sexuellen Identität unzulässig ist. Dies bedeutet, dass man bei der Auswahl eines Kandidaten oder einer Kandidatin keine Unterschiede in den genannten Bereichen machen darf. Klingt logisch und fair. Die Realität ist jedoch eine andere. Als Vertreter der Generation 50+ erfahre ich tagtäglich, dass Menschen dieser Altersgruppe, die übrigens bereits meiner Meinung nach mit einem Alter von 45 Jahren beginnt, oftmals schon im Vorfeld aussortiert werden. Menschen dieser Generation, die über einen reichen Erfahrungsschatz verfügen, engagiert sind und eine neue Aufgabe suchen, werden zwar durch dieses Gesetz geschützt. Leider jedoch von vielen Unternehmen bestraft. Denn ein Gesetz ist eine Theorie, das Leben aber die Praxis, und Anspruch und Wirklichkeit gehen häufig himmelweit auseinander. An ein Gesetz muss ich mich halten, kann ich mich halten, es ignorieren oder gar missachten.

Wenn ich jemanden wegen seines Alters, seiner Behinderung, seiner Religion oder seines Geschlechts usw. nicht einstellen möchte, dann erwarte ich – und mit mir ebenso alle Bewerberinnen und Bewerber –, dass ihnen dies mitgeteilt wird, gleich welche Konsequenzen danach durch das AGG entstehen können. Denn entweder stehe ich zu meiner Entscheidung oder ich heuchle dem anderen etwas vor. Und ganz ehrlich: Ist das die Art und Weise, wie wir miteinander umgehen wollen? Sicherlich nicht.

Eine Frage, die viele arbeitende Menschen beschäftigt, lautet: Warum sind Absageschreiben meist unpersönlich (vor-)formuliert und wenig informativ? Warum wird der wahre Grund einer Absage nicht aufgeführt? Weshalb wurde ich trotz meiner Expertise nicht zu einem Gespräch eingeladen? Und um noch einen draufzusetzen, so habe ich es vor Kurzem bei einem Klienten erlebt, wird mit der Absage noch ein Link mit der Frage versendet, ob man über weitere Positionen in diesem Unternehmen informiert werden möchte. Wie bitte?

Ich würde es grundsätzlich begrüßen, wenn das Unternehmen die Möglichkeit eines kurzen Gesprächs einräumt, um mir ein ehrliches Feedback zu geben. So würde ich erfahren, warum ich nicht erfolgreich war, was mir fehlt und was ich bei der nächsten Bewerbung besser machen könnte. Das wäre fair, alles andere, verzeihen Sie mir, finde ich heuchlerisch. Sich hinter einem Gesetz zu verstecken empfinde ich als armselig.

Denn: Ich kann mit einem Nein leben, aber ich möchte es hören, und ich habe eine Begründung der Absage verdient. Dann kann ich nach vorne blicken, das Thema abhaken und meine Energie sowie mein Engagement Neuem zuwenden. Ich denke, das ist nur fair. Sind Sie auch so fair?

Die Schwierigkeit, Nein zu sagen
Als höflicher Mensch, für den Respekt, Anerkennung und Wertschätzung keine Fremdworte, sondern die Grundlage der Kommunikation sind, stelle ich mir immer wieder die Frage, warum viele Menschen anscheinend lieber gar nicht antworten, statt mit einem klaren Nein. Zum Nein-Sagen gibt es viele Bücher, denn das ist ein echtes Problem für viele Menschen, gleich welcher Hierarchieebene.

Was sind denn nun die Gründe für die mangelnde Fähigkeit, Nein zu sagen? Dies habe ich mich nicht nur regelmäßig gefragt, sondern auch mit meinen Klienten und Teilnehmern bundesweit immer wieder diskutiert. Es gibt verschiedene Gründe, warum Menschen nicht direkt mit einem klaren Nein antworten. Der Hauptgrund ist die Angst davor, die Beziehung zu belasten oder jemanden zu verletzen. Andere mögen es vielleicht vermeiden, direkt Nein zu sagen, um einer Konfrontation aus dem Weg zu gehen und diplomatisch zu sein. Bei nicht wenigen Menschen kann es auch die Unsicherheit sein, wie sie ihre Ablehnung ausdrücken sollen. »Ich kann mit einem Nein leben, aber ich möchte es hören.« Das gebietet für mich der Respekt vor meiner Person.

> **Meine Empfehlung**
>
> Das Nein-Sagen ist für viele Menschen eine sehr hohe Hürde. Wenn Sie sich dieser Hürde jedoch gestellt und sie überwunden haben, kommt rasch die Erleichterung und das gute Gefühl zurück. Probieren Sie es gern aus.
>
> In diesem Sinne: »Ein klares Nein zu anderen ist ein ehrliches Ja zu sich selbst.«

14 »Ich verstehe« – Schmiermittel in der Kommunikation

Oder: »Das Geheimnis des Erfolges ist, den Standpunkt des anderen zu verstehen.« (Henry Ford)
Eine meiner liebsten Serien ist »Two and a Half Men« mit dem großartigen Charlie Sheen. Ich erinnere mich an eine Folge, in der er der Ex-Frau seines bei ihm lebenden Bruders immer wieder mit dem gleichen Satz geantwortet hat: »Ich verstehe.« Diese positive, aber etwas einsilbige Antwort, die nicht ansatzweise so gemeint war und mit den Fragen so gar nichts zu tun hatte, brachte ihm das uneingeschränkte Vertrauen dieser Frau ein. Sie bezeichnete ihn als einfühlsamen Zuhörer und sah in ihm eine verständnisvolle Person, die sich für ihre Probleme interessierte und ihr beistand. Wow, was man mit zwei Worten doch alles erreichen kann.

Sicherlich haben Sie die Worte »Ich verstehe« auch schon in vielen Gesprächen gehört und gesagt. Sie klingen im ersten Moment sehr verbindlich und bestätigen uns in unseren Ausführungen. Sie besänftigen uns und geben uns ein sicheres Gefühl. Was tun wir also? Wir machen weiter und fahren in unserem Text fort. So weit so gut.

14 »Ich verstehe« – Schmiermittel in der Kommunikation

»Viele Dinge zu wissen, bedeutet noch nicht, sie zu verstehen.« (Heraklit)

Aber was bedeutet die Aussage »Ich verstehe«? Ist sie nur eine leere Formel, die von Menschen häufig in verschiedensten Situationen verwendet wird? Der so wohlwollende, mitreißende und gefühlvoll klingende Satz kann je nach Kontext und Perspektive sehr unterschiedliche Bedeutungen haben. Drei Bedeutungsdimensionen von »Ich verstehe« können wir unterscheiden:

1. In der zwischenmenschlichen Kommunikation kann das »Ich verstehe« als ein Ausdruck der Empathie interpretiert werden. Wenn eine Person sagt: »Ich verstehe, wie Sie sich fühlen«, kann dies bedeuten, dass sie versucht, sich in die Lage des anderen hineinzuversetzen und dessen Perspektive und Gefühle nachzuvollziehen.

Es zeigt, dass die Person sich bemüht, die Gedanken und Emotionen des Gegenübers zu verstehen und empathisch darauf zu reagieren.
2. »Ich verstehe« kann auch als Zustimmung oder Bestätigung in einer Diskussion verwendet werden. Wenn jemand in einem Meeting oder einer Debatte sagt: »Ich verstehe Ihren Standpunkt«, signalisiert er, dass er die Aussage oder Argumentation des anderen anerkennt, versteht und wohl akzeptiert. Es zeigt, dass er eine gemeinsame Grundlage schaffen möchte, um miteinander eine Lösung oder ein Ziel zu finden bzw. zu erreichen.
3. Im akademischen Kontext wird »Ich verstehe« oft verwendet, um den Grad des Verständnisses eines Konzepts oder einer Idee auszudrücken. Wenn ein Student einer Professorin sagt »Ich verstehe das Konzept«, kann dies bedeuten, dass er in der Lage ist, das Konzept zu erklären und anzuwenden. Es zeigt, dass der Student eine fundierte Kenntnis des Konzepts hat und in der Lage ist, es erfolgreich zu verwenden.

Insgesamt kann das »Ich verstehe« je nach Kontext und Perspektive sehr unterschiedliche Bedeutungen haben. Es kann eine empathische Reaktion, eine Zustimmung, eine Bestätigung oder eine Aussage über den Grad des Verständnisses sein. Die genaue Bedeutung lässt sich nur aus dem Kontext und den Umständen ableiten.

> **Meine Empfehlung**
>
> Wenn Sie misstrauisch sind und grundsätzlich die Probe aufs Exempel machen möchten oder den Wahrheitsgehalt der Worte »Ich verstehe« überprüfen wollen, dann ist dies nicht schwer. Drehen Sie den Spieß doch einfach einmal um und lassen Sie sich das Verständnis Ihres Gesprächspartners erklären und im besten Falle bestätigen. »Ich finde es wunderbar, dass Sie mich verstehen, und würde gerne einmal Ihre Meinung dazu hören und Ihre Sichtweise erfahren.« – Ich möchte nun nicht als »Schwarzmaler« gelten, aber Sie glauben gar nicht, wie sehr Sie jemanden mit dieser Frage aus der Bahn werfen können. Gleichzeitig können Sie überprüfen, wie ehrlich Ihr Gesprächspartner Ihnen gegenüber ist. Denn hier zeigt sich, ob Ihr Gegenüber wirklich zugehört und verstanden hat oder nur so tat als ob. Gemein? Nein, eine legitime Aufforderung, die dazu dient, die gemeinsame Basis zu festigen und zu überprüfen, ob sie noch auf einer Wellenlänge sind oder aneinander vorbeireden und Ihr Gegenüber bereits ausgestiegen ist.

15 Was wir von großen Persönlichkeiten für unsere Kommunikation lernen können

Oder: »Ein guter Redner ist jemand, der bewirkt, dass die Menschen mit den Ohren zu sehen vermögen.« (Arabisches Sprichwort)
Wie viele Bücher könnte man über die großen Redner der Geschichte schreiben. Viele sind bereits verfasst worden. Bei meiner Recherche nach großen Rednern für mein Buch war ich erstaunt, dass viele Persönlichkeiten aus der Antike bereits Einstellungen besaßen und Aussagen getroffen haben, die nahezu perfekt in unsere heutige Zeit passen. So als hätten Aristoteles, Platon, Epiktet, Sokrates und andere bereits damals gewusst, was uns heute beschäftigt. Da bekommt der Satz »Sie sind ihrer Zeit weit voraus« eine ganz neue Dimension. Finden Sie nicht? Lassen Sie uns nun auf einige der großen Kommunikationsexperten aus der Geschichte schauen und sie um einen guten Rat bitten.

15 Was wir von großen Persönlichkeiten für unsere Kommunikation lernen können | 95

»Was wir wissen, ist ein Tropfen, was wir nicht wissen, ein Ozean.« (Isaac Newton)

Aristoteles

Aristoteles wurde 384 v. Chr. in Stageira geboren und starb 322 v. Chr. in Chalkis auf Euböa. Er gehört wohl zu den bekanntesten und einflussreichsten Philosophen der Geschichte. Er war Schüler von Platon an dessen Akademie in Athen. Auch war er der Lehrmeister von Alexander dem Großen. Er befasste sich mit vielen Themen, u. a. mit der Logik. Für ihn war klar, dass der Mensch durch logische Schlussfolgerungen systematisch zu Wissen gelangen kann. Menschen waren für ihn politische Wesen, die ohne Gesellschaft nicht leben können. Er sinnierte über das Glück des Menschen und vertrat die Ansicht, dass er es nur erreichen könne, wenn er all seine Möglichkeiten entfalten würde. Aristoteles gründete später seine eigene Philosophenschule, das Lykeion (dt. Lyzeum). Das Besondere an seiner Schule war, dass sowohl Lehrer als auch Schüler oftmals beim Gehen sprachen. Vor allem im Mittelalter galt Aristoteles als Vorbild für viele Gelehrte.

> **Was wir von Aristoteles für unsere Kommunikation lernen können**
>
> Aristoteles glaubte an den Menschen und war sich sicher, dass er alles erreichen kann. Er war ein Befürworter des Tuns, denn nur so würde man das lernen, was man lernen muss oder möchte. Sein Weg war, Wissen aus Erfahrungen zu generieren: »Erfahrung ist der Anfang aller Kunst und jedes Wissens.« Er war nicht nur ein großer Philosoph, sondern auch ein großer Denker, der das methodische Denken propagierte. Dies fasst er in einem Zitat zusammen: »Das Denken für sich allein bewegt nichts, sondern nur das auf einen Zweck gerichtete und praktische Denken.«
>
> Aristoteles stand für das systematische Fragen und Hinterfragen, Denken und selbst Ausprobieren. Diese Einstellung gab er uns mit auf den Weg. Eine wirklich hilfreiche Einstellung, gerade auch in der heutigen Kommunikation, finden Sie nicht?

Platon

Platon wurde ca. 428/427 v. Chr. in Athen geboren und starb 348/347 v. Chr. ebenda. Er zählt wohl zu den bekanntesten und einflussreichsten Persönlichkeiten der Geistesgeschichte. Platon war Schüler des Sokrates und später Lehrer von Aristoteles.

Er verhalf der noch jungen Literaturgattung des Dialogs zum Durchbruch und schuf damit eine Alternative zur Lehrschrift und zur Rhetorik, den damals bekannten Darstellungs- und Überzeugungsmitteln. Dabei bezog er dichterische und mythische Motive ein, um seinen Gedankengang auf spielerische, anschauliche Weise zu vermitteln. Zugleich wich er mit dieser Art der Darbietung seiner Auffassungen dogmatischen Festlegungen aus und ließ viele Fragen, die sich daraus ergaben, offen bzw. überließ deren Klärung den Gesprächspartnern bzw. Lesern, die er zu eigenen Anstrengungen anregen wollte. Platons Kernthema ist die Frage, wie unzweifelhaft gesichertes Wissen erlangt und von bloßen Meinungen unterschieden werden kann.[7]

---

[7] Quelle: https://de.wikipedia.org/wiki/Platon.

> **Was wir von Platon für unsere Kommunikation lernen können**
>
> Platon war ein Verfechter des persönlichen Gesprächs. Eine theoretische Schrift kann weder Fragen beantworten noch einen Ansprechpartner auswählen oder sich gar gegen Angriffe verteidigen. Wenn wir diese Überlegungen auf unsere heutige Zeit und Kommunikation übertragen, bedeutet dies meiner Meinung nach: »Sprich mit dem anderen, anstatt ihm zu schreiben oder ihn auf ein Schriftstück zu verweisen.«
>
> Ein ganz besonderes Gleichnis von ihm passt hier hervorragend. »Wenn zwei Knaben jeder einen Apfel haben und sie diese Äpfel tauschen, hat am Ende auch nur jeder einen. Wenn aber zwei Menschen je einen Gedanken haben und diesen tauschen, hat am Ende jeder zwei neue Gedanken.«

Winston Churchill

Winston Churchill war zweifacher britischer Premierminister, der von 1874 bis 1965 lebte. Er zählt zu den bedeutendsten (britischen) Staatsmännern. Churchill ist nicht nur für seine politischen Leistungen bekannt, sondern auch für seinen gekonnten, manchmal überraschenden und provokanten Kommunikationsstil sowie für seine unvergleichliche Schlagfertigkeit.

Winston Churchill war für seine prägnanten und auf den Punkt gebrachten Aussagen bekannt. Er war ein Mann, der es verstand, hervorragend und mit großem Nachdruck zu reden und Menschen damit zu motivieren. Aber vor allem war Churchill ein Mann, der seinen Worten Taten folgen ließ und diese Taten über das gesprochene Wort stellte.

Bis heute unvergessen und beeindruckend ist seine berühmte »Blut, Schweiß und Tränen«-Rede, die er 1940 vor dem britischen Unterhaus hielt. Das Geheimnis für seinen Erfolg als Redner lag darin, dass er eine klare, einfache und kraftvolle Sprache verwendete, um sein Publikum zu motivieren und zu inspirieren.

> **Was wir von Winston Churchill für unsere Kommunikation lernen können**
>
> Eines seiner bekanntesten Zitate lautete: »Es ist sinnlos zu sagen: Wir tun unser Bestes. Es muss dir gelingen, das zu tun, was erforderlich ist.« Diese Aussage können wir heute eins zu eins auf unsere Kommunikation beziehen. Es gibt viele Menschen, die große Worte von sich geben, aber die Spreu vom Weizen trennt sich bei denjenigen, die ihren Worten auch Taten folgen lassen. Menschen, die handeln, um eine Aufgabe, vielleicht sogar ein Problem zu lösen. Wenn diese Persönlichkeiten es schaffen, wie Churchill, andere mitzunehmen, dann kann dies mit Fug und Recht als gelungene Kommunikation bezeichnet werden. Wir können von ihm weiterhin lernen, wie wichtig es ist, die passenden Worte zu wählen und eine klare und einfache Botschaft zu vermitteln.

John F. Kennedy

John F. Kennedy lebte von 1917 bis 1963. Er war nicht nur der jüngste Präsident der Vereinigten Staaten, sondern auch Vorbild einer ganzen Nation. In einem Interview mit der Universität Wien sprach der Politikwissenschaftler Heinz Gärtner über diesen so beliebten Politiker. Hier ein Auszug aus dem Interview vom 29. Mai 2017:

> **uni:view:** Kaum ein anderer US-Präsident wird auch heute noch – immerhin über 50 Jahre nach dessen Tod – derart verehrt wie John F. Kennedy. Wie ist der Mythos rund um seine Person zu erklären?
> **Heinz Gärtner:** Der Mythos John F. Kennedy basiert auf mehreren Aspekten. Zunächst einmal muss man wissen, dass Kennedy schon aufgrund seiner Jugend und seines Charismas für viele Menschen – nicht nur in den USA, sondern auf der ganzen Welt – als wichtiger politischer Hoffnungsträger galt. Seine Wahl zum US-Präsidenten fiel in eine Zeit, die von einem generellen wirtschaftlichen Aufschwung und einer spürbaren Aufbruchsstimmung geprägt war. Kennedy ist es gelungen, diese positive Grundstimmung von der Wirtschaft auf die Gesellschaft zu übertragen.
> Dadurch wurde er zum Vorbild für eine ganze Generation vor allem junger Menschen, die sich angesichts der Entspannung am Arbeitsmarkt auch für sich selbst eine Verbesserung ihrer individuellen Lebenslage erwartete. Natürlich sind nicht alle diese Erwartungen in Erfüllung gegangen. Dennoch steht der Name Kennedy auch heute noch für bestimmte demokratische Werte, soziale Gerechtigkeit, Rassengleichheit und einen besonnenen, intelligenten Politikertypus, der auch in schwierigen Krisensituationen einen kühlen Kopf bewahren und zu seinen persönlichen Überzeugungen stehen kann.«[8]

Was wir von John F. Kennedy für unsere Kommunikation lernen können

Im Gegensatz zu einigen seiner Vorgänger hatte JFK stets den Mut, bestimmte Themen offen und direkt anzusprechen. Er suchte beharrlich die Basis für ein gemeinsames Gespräch. Eines seiner Zitate gibt einen hervorragenden Hinweis auf die optimale Grundhaltung einer fairen Kommunikationsbasis: »Wir können nicht mit jenen verhandeln, die sagen: Was mein ist, ist mein; und was dein ist, ist Verhandlungssache.«

Martin Luther King

»I have a dream« – der wohl berühmteste Satz des schwarzen Baptistenpastors und Bürgerrechtlers, der von 1929 bis 1968 lebte. Unterdrückung und sozialer Ungerechtigkeit sagte er den Kampf an, ebenso stand er für die Aufhebung der Rassentrennung wie für das uneingeschränkte Wahlrecht schwarzer Bürgerinnen und Bürger in den USA. 1963 hielt er seine berühmteste Rede in Washington D. C., in der er vom Zusammenleben der Menschen, gleich welcher Hautfarbe »träumte«.

---

8   Quelle: https://medienportal.univie.ac.at/uniview/wissenschaft-gesellschaft/detailansicht/artikel/john-f-kennedy-vorbild-fuer-eine-ganze-generation/.

15   Was wir von großen Persönlichkeiten für unsere Kommunikation lernen können | 99

> **Was wir von Martin Luther King für unsere Kommunikation lernen können**
>
> Er stand in seinem Leben stets für die Gleichstellung und Gleichberechtigung aller Menschen. Gerade für die heutige Kommunikation ist dies eine hervorragende Basis und die Grundvoraussetzung für ein erfolgreiches Miteinander. Wenn es uns gelingt, ohne Vorurteile und hierarchischem Denken aufeinander zuzugehen und miteinander zu sprechen, wenn die Sache, das Thema oder eine Vision im Vordergrund steht und jeder Gesprächspartner als gleichberechtigt angesehen wird, dann wäre dies ein enormer Schritt zu einer harmonischen, positiven und, und davon bin ich fest überzeugt, für beide Seiten gewinnbringenden, zufriedenstellenden Kommunikation.

Epiktet
Epiktet wurde ca. 50/60 n. Chr. Im heutigen Pamukkale (Türkei) geboren und starb vermutlich 135 n. Chr. in Nikopolis, Griechenland. Er war ein griechischer Philosoph, der zu den einflussreichsten Vertretern der Stoa gehörte. Als Stoa wird eines der wirkungsmächtigsten philosophischen Lehrgebäude in der abendländischen Geschichte bezeichnet. Auf Wikipedia heißt es dazu: »Ein besonderes Merkmal der stoischen Philosophie ist die kosmologische, auf Ganzheitlichkeit der Welterfassung gerichtete Betrachtungsweise, aus der sich ein in allen Naturerscheinungen und natürlichen Zusammenhängen waltendes universelles Prinzip ergibt. Für den Stoiker als Individuum gilt es, seinen Platz in dieser Ordnung zu erkennen und auszufüllen, indem er durch die Einübung emotionaler Selbstbeherrschung sein Los zu akzeptieren lernt und mithilfe von Gelassenheit und Seelenruhe (Ataraxie) nach Weisheit strebt.«

Epiktet hielt seine Einsichten leider nicht schriftlich fest, es gibt nur von seinen Schülern Überlieferungen, die vor allem ethische Fragestellungen und Themen umfassen.

> **Was wir von Epiktet für unsere Kommunikation lernen können**
>
> Würde Epiktet heute noch leben, wäre er aktuell zum Thema Menschenrechte, aber vielleicht auch zur Genderpolitik einer der wohl am meisten nachgefragten Talkshow-Gäste. Innere Freiheit, Selbstbestimmung und Autonomie standen in seiner Ethik an vorderster Stelle. Für ihn wird der Mensch und dessen Wesen stets von Gott gelenkt, der auch im Menschen wohnt. Da dieser göttliche Kern, laut seiner Ansicht, allen Menschen innewohnt, muss die Menschenliebe unterschiedslos allen gelten. Epiktet hat sich stets mit dem Wissen um den Unterschied zwischen dem, was wir beeinflussen können, und dem, was wir nicht beeinflussen können, beschäftigt.[9]

Sokrates
Sokrates wurde 469 v. Chr. in Alopeke, Athen, geboren und starb 399 v. Chr. in Athen. Er gilt heute als Begründer der westlichen Philosophie. Sokrates selbst hat nie ge-

---

9   Quellen: https://de.wikipedia.org/wiki/Stoa, https://de.wikipedia.org/wiki/Epiktetundhttps://www.philomag.de/philosophen/epiktet.

schrieben, jedenfalls existieren, soweit bekannt, keine Werke von ihm. Dafür aber von seinen Schülern, zu denen unter anderem Platon gehörte. Anfangs noch ein Infanterist, machte er sich in Athen einen Namen als Philosoph. Seine feste Überzeugung war stets, dass ein Leben, das man nicht hinterfragt, nicht menschenwürdig sei. Er begann also, alles und jeden in Athen zu hinterfragen. Für ihn stand fest, dass ein Mensch nur durch beharrlich wiederkehrendes Hinterfragen und Infragestellen zur Weisheit gelangt. Dies ging so weit, dass er als »Verderber der Athener Jugend« angeklagt wurde und wegen seiner »Anmaßung« und, wie es hieß, Gottlosigkeit zum Tode verurteilt wurde. Sokrates akzeptierte die Strafe und besuchte am Tag seines Todes seine Freunde und Weggefährten.

> **Was wir von Sokrates für unsere Kommunikation lernen können**
>
> Man muss fragen, um zu verstehen, und hinterfragen, um einen umfassenderen Blick auf ein Thema zu erhalten. Dadurch lernt der Befragte ebenso wie der Fragesteller. So möchte ich allzu kurz das sogenannte »Sokratische Gespräch« zusammenfassen. Da ich mir jedoch sehr sicher bin, dass Ihnen diese Erklärung nicht ausführlich genug ist, möchte ich meinen Worten einen Beitrag hinzufügen, den ich vor einigen Jahren einmal gelesen habe und der mich sehr fasziniert hat.

»Ausgehend von den Platonischen Dialogen ist das Sokratische Gespräch ein Gespräch zwischen (meist) zwei Personen, von denen einer Sokrates ist. Dieser führt lange Monologe, an deren Ende meist rhetorisch-geschlossene Fragen stehen, die mit Ja oder Nein beantwortet werden können. Zu Beginn entsteht der Eindruck, Sokrates fragt seinen Gesprächspartner als Nicht-Wissender. Doch im Laufe des Gesprächs wandelt sich die Rolle von Sokrates. Der Gesprächspartner erkennt sein Nicht-Wissen und Sokrates hat ihn mit seinen Aussagen und Fragen verwirrt und Zweifel und Staunen ausgelöst. Damit stellt Sokrates Ausgangsbedingungen für neue Erkenntnisse her.
Zwei wesentliche Elemente des Sokratischen Gesprächs 1.0:
Die Erkenntnis der Unwissenheit, Ratlosigkeit (Aporie) beim Gesprächspartner. Dadurch entsteht wirkliches Denken und Hinterfragen. Darum heißt es, dass Sokratische Gespräche aporetisch enden.
Im Zustand der Aporie führt Sokrates den Gesprächspartner nicht zu abstrakten Themen, sondern schärft seine Beobachtungsgabe durch hypothetische Beispiele aus handwerklichen Berufen. Sein Weg führt vom Allgemeinen zum Besonderen. Deshalb gilt er bei einigen als Vater der Deduktion. Sokrates regte an, die eigenen Gedanken fortwährend an der Beobachtung seiner Realität zu prüfen.«[10]

---

10   Quellen: https://www.prinzip-wirksamkeit.de/was-ist-ein-sokratisches-gespraech/;https://www.journal21.ch/artikel/wie-sokrates-heute-lehren-wuerde; https://www.nationalgeographic.de/geschichte-und-kultur/2019/11/wer-war-sokrates.

Viele große Philosophen unserer Zeit, wie zum Beispiel Immanuel Kant, Jakob Friedrich Fries und Leonard Nelson, haben sich mit dem Sokratischen Gespräch befasst und es für unsere Zeit interpretiert. Leonard Nelson: »Die Sokratische Methode ist nämlich nicht die Kunst, Philosophie, sondern Philosophieren zu lehren, nicht die Kunst, über Philosophen zu unterrichten, sondern Schüler zu Philosophen zu machen.«

Steve Jobs
Steven »Steve« Paul Jobs, geboren am 24. Februar 1955 in San Francisco, Kalifornien, gestorben am 5. Oktober 2011 in Palo Alto, Kalifornien, war ein US-amerikanischer Unternehmer. Als Mitgründer und langjähriger CEO von Apple gilt er als eine der bekanntesten Persönlichkeiten der Computerindustrie.

Zusammen mit Steve Wozniak und Ron Wayne gründete er 1976 Apple und half, sowohl das Konzept des Heimcomputers als auch später die Generation der Smartphones sowie Tabletcomputer populär zu machen. Zudem war er mit dem Macintosh ab 1984 maßgeblich an der Einführung von Personal Computern mit grafischer Benutzeroberfläche beteiligt und entwickelte mit dem iTunes Store und dem Medienabspielgerät iPod in den frühen 2000er Jahren wichtige Meilensteine für den Markterfolg digitaler Musikdownloads. Jobs war darüber hinaus Geschäftsführer und Hauptaktionär der Pixar Animation Studios und nach einer Fusion größter Einzelaktionär der Walt Disney Company.

Ein Mann mit Visionen: Steve Jobs machte nicht nur Apple zum Kult-Konzern. Mit dem iPhone revolutionierte er den Handy-Markt und mit dem iPad schuf er eine neue Mediengattung.[11] Steve Jobs hat viele wichtige Beiträge zur heutigen Kommunikation geleistet. Einige seiner bekanntesten Errungenschaften sind die Entwicklung des Macintosh-Computers, die Gründung von Pixar Animation Studios und die Entwicklung des iPhones.

> **Was wir von Steve Jobs für unsere Kommunikation lernen können**
>
> Eine der wichtigsten Lehren, die wir aus Steve Jobs' Arbeit ziehen können, ist seine Betonung der Benutzererfahrung, der *user experience*. Jobs war bekannt dafür, dass er auf jedes Detail achtete, um sicherzustellen, dass die von ihm entwickelten Produkte einfach zu bedienen und auch ästhetisch ansprechend waren. Dies hat dazu beigetragen, dass seine Produkte sehr beliebt und erfolgreich wurden.
>
> Ein weiterer wichtiger Beitrag von Steve Jobs war seine Fähigkeit, Menschen zu inspirieren und zu motivieren. Jobs war ein Meister darin, andere mit seinen Visionen und Ideen anzustecken und sie für seine Projekte zu begeistern. Dies hat dazu beigetragen, dass seine Teams unglaubliche Dinge erreichen konnten.

---

11 Quellen: https://www.spiegel.de/thema/steve_jobs/undhttps://de.wikipedia.org/wiki/Steve_Jobs.

> Schließlich hat Steve Jobs die Bedeutung von Design und Ästhetik in der heutigen Kommunikation hervorgehoben. Jobs war ein großer Verfechter des minimalistischen Designs und der einfachen Ästhetik, die sich durch viele seiner Produkte zieht. Dies hat dazu beigetragen, dass seine Produkte nicht nur funktional, sondern auch ästhetisch ansprechend sind.
>
> Insgesamt hat Steve Jobs einen enormen Einfluss auf die heutigen Kommunikationsmedien gehabt, insbesondere im Bereich der Technologie und der digitalen Medien. Seine Betonung der Benutzererfahrung, seine Fähigkeit, Menschen zu inspirieren und zu motivieren, sowie seine Wertschätzung für Design und Ästhetik sind nach wie vor von großer Bedeutung und werden auch in Zukunft relevant bleiben.

Perikles
Perikles (ca. 490 v. Chr. bis 429 v. Chr.) war ein griechischer Staatsmann und Führer der Stadt Athen, der auch für seine brillanten politischen Reden bekannt ist. Sein Vermächtnis zeigt uns, wie man sich in einer Führungsposition bewegt, um eine gemeinsame Vision zu schaffen und die Menschen durch eine schwierige Zeit zu führen.

Perikles, einer der bedeutendsten Staatsmänner des antiken Griechenlands, hat in seiner berühmten Rede vor der Athener Bürgerschaft im 5. Jahrhundert v. Chr. viele wichtige Botschaften vermittelt, die auch heute noch relevant sind. Eine seiner zentralen Botschaften war, dass freie Rede und offener Diskurs grundlegende Elemente einer funktionierenden Demokratie sind. Er betonte, dass alle Bürger das Recht haben sollten, ihre Meinungen und Ideen frei zu äußern, und dass dies der einzige Weg sei, um eine gerechte und vernünftige Regierung zu gewährleisten. In der heutigen Zeit, in der die Meinungsfreiheit und der freie Meinungsaustausch zunehmend bedroht sind, ist Perikles' Botschaft wichtiger denn je.

Perikles legte auch großen Wert auf die Bedeutung von Bildung und Wissen. Er ermutigte die Athener, in Bildung und Erziehung zu investieren, da dies dazu beiträgt, dass Bürger gut informiert und in der Lage sind, vernünftige Entscheidungen zu treffen. In einer Zeit, in der Wissen und Bildung immer wichtiger werden, ist Perikles' Botschaft nach wie vor von großer Bedeutung.

Schließlich betonte Perikles die Bedeutung der Zusammenarbeit und des Gemeinwohls. Er betonte, dass jeder Bürger eine Verantwortung hat, zum Wohl der Gemeinschaft beizutragen, und dass dies nur durch Zusammenarbeit und Solidarität erreicht werden kann. In einer Zeit, in der die Welt immer stärker vernetzt ist und die globalen Herausforderungen immer komplexer werden, ist Perikles' Botschaft von Zusammenarbeit und Gemeinschaftsgeist relevanter denn je.

> **Was wir von Perikles für unsere Kommunikation lernen können**
>
> Insgesamt können wir von Perikles lernen, dass freie Rede, Bildung und Zusammenarbeit zentrale Elemente für eine erfolgreiche und funktionierende Gesellschaft sind. Diese Botschaften sind auch heute noch sehr relevant und können uns helfen, die Herausforderungen unserer Zeit zu bewältigen. Seine Fähigkeit, durch Rhetorik und Führung die Menschen zu inspirieren, prägt die Geschichte der Demokratie bis heute.

Mahatma Gandhi

Mohandas Karamchand Gandhi wurde am 2. Oktober 1869 in Porbandar, Gujarat, geboren und starb am 30. Januar 1948 in Neu-Delhi. Er war ein indischer Unabhängigkeitskämpfer und politischer Führer, der für gewaltlosen Widerstand und Bürgerrechte kämpfte. Er hielt zahlreiche Reden und Predigten, in denen er die Ideale des Friedens, der Gerechtigkeit und der Freiheit vertrat.

> **Was wir von Mahatma Ghandi für unsere Kommunikation lernen können**
>
> Sein Erfolg als Redner lag vor allem darin, dass er eine starke Ethik und Moral vertrat, eine klare und einfache Sprache verwendete und immer geduldig und respektvoll blieb, auch in schwierigen, manchmal sehr heiklen Situationen. Wir können von ihm lernen, wie wichtig es ist, sich an festen ethischen Prinzipien zu orientieren und immer respektvoll zu bleiben, auch inmitten von Konflikten. Diese Haltung verkörperte er wie keine zweite Persönlichkeit. Sein moralischer Kompass ist ein sehr gutes Vorbild für uns. Wir sollten zumindest versuchen, ähnlich wie er zu kommunizieren, immer ruhig zu bleiben und keine Vorwürfe zu äußern.

Abraham Lincoln

Abraham Lincoln, geboren am 12. Februar 1809 bei Hodgenville Kentucky, gestorben am 15. April 1865 in Washington, D.C., war der 16. Präsident der Vereinigten Staaten und einer der bedeutendsten Politiker der amerikanischen Geschichte. Er hielt eine Reihe von berühmten Reden, darunter die Gettysburg-Rede, in der er für die Einheit der Nation und die Abschaffung der Sklaverei kämpfte.

> **Was wir von Abraham Lincoln für unsere Kommunikation lernen können**
>
> Abraham Lincolns Erfolg als Redner lag darin, dass er eine klare und einfache Sprache verwendete, die die Herzen und Köpfe seines Publikums erreichte. Wir können von ihm lernen, wie wichtig es ist, auf den Punkt zu kommen und eine klare Botschaft zu vermitteln, die auf die Bedürfnisse der Zuhörerinnen und Zuhörer abgestimmt ist und immer wertschätzend vermittelt wird.

Nelson Mandela

Nelson Rolihlahla Mandela (1918–2013) war ein südafrikanischer Aktivist und Politiker, der für seine Bemühungen um Gleichberechtigung und Freiheit weltweit berühmt ist. Er zählte zu den großen Kämpfern gegen die Unterdrückung der Schwarzen: Nelson Mandela, 2013 im Alter von 95 Jahren gestorben, wurde für seinen Widerstand gegen das südafrikanische Apartheids-Regime zu lebenslanger Haft verurteilt. Seine Freilassung nach 27 Jahren markierte eine Wende in Südafrika. Als erster schwarzer Präsident führte er sein Land auf den Weg zu Demokratie und Versöhnung.[12]

> **Was wir von Nelson Mandela für unsere Kommunikation lernen können**
>
> Seine Fähigkeit, große Reden mit einer tiefen Menschlichkeit und Empathie zu halten, hat ihm weltweit Respekt eingebracht. Sein Vermächtnis zeigt uns, wie wichtig es ist, sich für Gerechtigkeit einzusetzen und dabei den Fokus unbeirrt auf Menschlichkeit und Empathie zu legen.

Dies waren einige Beispiele hervorragender historischer Persönlichkeiten, die es verstanden haben, in ihrer Kommunikation nicht nur eine Botschaft zu transportieren, sondern die Menschen mit ihren Worten auch zu erreichen. Sicherlich könnte man ein ganzes Buch mit berühmten Rednerinnen und Rednern füllen, jedoch gehören die hier vorgestellten Persönlichkeiten zu den besten Beispielen, wenn es um eine Kommunikation geht, die ehrlich geführt wird, die Zuhörer erreichen, bewegen und aktivieren soll. Alle Genannten haben dies in ihrem jeweils eigenen Stil und mit großer Überzeugungskraft geschafft, und ich finde, sie haben sich nicht nur ein Platz in diesem Buch oder in Ihren Notizen verdient, sondern gehören auch in die Best-of-Liste für eine gelungene und tiefgründige Kommunikation. Sie alle waren Strategen und geben uns positive Beispiele, unsere Kommunikation zu optimieren oder gar zu verändern.

---

12 Quelle: https://www.spiegel.de/thema/nelson_mandela/.

16 Diversity und Kommunikation

Oder: »Es sind nicht unsere Unterschiede, die uns trennen. Es ist unsere Unfähigkeit, diese Unterschiede zu erkennen, zu akzeptieren und zu feiern.« (Audre Lorde)
Ich bin kein Experte im Bereich Diversity, obwohl ich für meinen Beitrag »Diversity und die Generation 50+« ausgezeichnet wurde.[13] Jedoch kann ich bestätigen, dass Diversity einen erheblichen Einfluss auf die Art und Weise hat, wie wir miteinander kommunizieren.

Die zunehmende Vielfalt in unserer Gesellschaft erfordert eine »überdachte«, übergreifende Kommunikation, die, ohne die Sprache zu verraten, auf die individuellen Bedürfnisse und Hintergründe der Beteiligten abgestimmt ist und darauf eingeht. In diesem Kapitel versuche ich, den Zusammenhang zwischen Diversity und Kommunikation näher zu beleuchten und die Bedeutung einer differenzierten und sensiblen Kommunikation verständlich zu machen. Immerhin handelt es sich hierbei um ein Thema mit großer gesellschaftlicher Resonanz, das immer wieder zu Diskussionen führt. An dieser Stelle möchte ich betonen, dass ich kein Freund der Gendersprache bin, auch wenn ich die dahinterliegenden Intentionen einer geschlechtergerechten, diversen Gesellschaft teile.

Diversity als Herausforderung für die Kommunikation
Eine zunehmend sichtbar werdende Diversität in der Gesellschaft und am Arbeitsplatz stellt uns vor neue Herausforderungen in der Kommunikation. Die Vielfalt in den Bereichen Geschlecht, Alter, Kultur, Religion und sexuelle Orientierung erfordert eine differenzierte Herangehensweise an die Kommunikation, um eine erfolgreiche Zusammenarbeit und ein gutes zwischenmenschliches Klima zu ermöglichen. Dies ist eine echte Herausforderung, die es zu meistern gilt. Denn gerade die Anerkennung und Akzeptanz von allen Menschen in ihrer Unterschiedlichkeit ist das aktuelle Problem.

Dabei geht es nicht nur darum, sprachliche Barrieren zu überwinden, sondern auch um die Wahrnehmung und Anerkennung der Unterschiede zwischen den Menschen. Eine fehlende Sensibilität und Empathie kann zu Missverständnissen, Verletzungen und Konflikten führen, die die Zusammenarbeit erschweren und das Arbeitsklima belasten. Dies hat enorme Konsequenzen und bedarf daher einer sensiblen Herangehensweise.

---

13 Quelle: https://www.xing.com/news/articles/das-sind-die-5-xing-top-minds-fur-das-thema-diversity-4886531.

Interkulturelle Kompetenz als Schlüssel zur erfolgreichen Kommunikation
Eine wichtige Kompetenz im Umgang mit Diversity ist die interkulturelle Kompetenz. Dabei geht es um Verständnis und die Wertschätzung der kulturellen Unterschiede zwischen den Menschen. Dazu gehören unter anderem die Kenntnis kultureller Normen und Werte, die Fähigkeit zur Perspektivenübernahme und ein respektvoller Umgang mit anderen Kulturen. Interkulturelle Kompetenz ist besonders wichtig in einer globalisierten Welt, in der wir immer häufiger mit Menschen aus verschiedenen Kulturen zusammenarbeiten. Fehlende interkulturelle Kompetenz kann zu Vorurteilen, Stereotypen und Diskriminierung führen, die eine erfolgreiche Zusammenarbeit erschweren.

Gendergerechte Sprache als Teil einer diversitätsorientierten Kommunikation
Ein weiterer Aspekt einer diversitätsorientierten Kommunikation ist die Verwendung gendergerechter Sprache. Geschlechtergerechte Sprache ist eine Möglichkeit, Geschlechterstereotype aufzubrechen und für eine geschlechterneutrale Sprache zu sorgen. Damit wird auch die Wahrnehmung von Frauen und Männern in der Gesellschaft und im Arbeitsleben positiv beeinflusst. Allerdings gibt es in diesem Bereich auch kontroverse Diskussionen und unterschiedliche Ansichten darüber, was gendergerechte Sprache genau bedeutet und welche Regeln dabei zu beachten sind. Eine offene und respektvolle Diskussion kann dazu beitragen, eine gemeinsame Basis für eine gendergerechte Sprache zu schaffen.

> **Mein Fazit**
>
> **Diversity und Kommunikation – eine wichtige Verbindung**
> Diversity und Kommunikation sind eng miteinander verbunden. Eine erfolgreiche Zusammenarbeit und ein gutes zwischenmenschliches Klima erfordern eine differenzierte und sensibel auf die Menschen abgestimmte Sichtweise. Anschließend an diese Erkenntnis muss das praktische Handeln folgen, um Akzeptanz zu leben.

17 Wenn Ihnen der Mut zur ehrlichen Antwort fehlt

Oder: »Wie sprechen die Menschen mit Menschen? Aneinander vorbei.«
(Kurt Tucholsky)

Wer von uns kennt nicht Sätze wie »Rufen Sie in drei Monaten wieder an« oder »Darüber müssen wir bei Gelegenheit mal sprechen«. Diese und andere »Ausreden« haben mit einer verbindlichen und ehrlichen Kommunikation nicht viel zu tun. Und trotzdem fallen wir immer wieder darauf herein. Sie kennen mittlerweile meinen Leitsatz: »Ich kann mit einem Nein leben, aber ich möchte es hören.« Aber warum tun sich so viele Menschen so unsagbar schwer mit einem klaren, ehrlichen und direkten Nein. Warum wenden viele stattdessen eine Hinhaltetaktik an und sorgen so oftmals für falsche Hoffnungen. Ganz davon abgesehen, dass sie dem anderen, der auf ein Gespräch hofft, die Zeit stehlen und ihn, erlauben Sie mir an dieser Stelle die deutlichen Worte, scheinbar vertrösten, während sie ihn tatsächlich sogar belügen. Denn genau das tun diese Menschen, die ein klares Nein meiden wie der Teufel das Weihwasser und dafür die Lüge und damit die Respektlosigkeit gegenüber dem anderen in Kauf nehmen.

In fast allen Gesprächen zu diesem Thema höre ich die gleichen oder ähnliche Gründe für dieses Hinhalteverhalten. Hier habe ich die Top 5 für Sie zusammengestellt:

Top 1: Angst
In einem Stern-Artikel las ich eine Erklärung des Psychologen Rolf Merkle, der für dieses Verhalten eine klare Erklärung hat: »Wir haben Angst vor den negativen Konsequenzen«, sagt er. »Der andere könnte uns böse sein, gekränkt sein oder wütend reagieren.«[14] Tatsächlich verhält es sich in den meisten Fällen genau so, ich kann dies aus meiner Erfahrung in vielen Gesprächen bestätigen. Die Angst vor negativen Konsequenzen. Doch ist das nicht paradox: Denn wenn mein Kommunikationspartner später ein Nein hört – denn irgendwann muss ich schließlich Farbe bekennen und dieses Wort aussprechen, um nicht immer und immer wieder kontaktiert zu werden –, ist sein Ärger sicherlich noch viel größer. In diesem Fall ist also Aufschieben keine empfehlenswerte Taktik. Denn der Ärger oder gar die Wut steigern sich durch das Hinhalten noch mehr. Mein Gegenüber macht sich vielleicht Hoffnungen, ruft brav zur vorgeschlagenen Zeit an, verspricht sich sicherlich etwas von dem Gespräch, zeigt natürlich auch durch den Anruf zum Beispiel nach einem Vierteljahr, dass man sich auf ihn verlassen kann und wie wichtig ihm dieses Gespräch und eine mögliche Zusammenarbeit mit dem Gesprächspartner und dessen Unternehmen ist. Und dann wird

---

14 Quelle: https://www.stern.de/neon/herz/psyche-gesundheit/nein-sagen--es-faellt-so-schwer-und-ist-so-wichtig--9014966.html.

mit einem finalen Nein das ganze Kartenhaus zerstört, das er sich hoffnungsvoll nach dem ersten, sehr guten Gespräch aufgebaut hat.

Also ganz ehrlich: Ich kann verstehen, dass man da wütend wird oder, positiver formuliert, enttäuscht ist. Sie nicht?

> **Meine Empfehlung**
>
> Ein klares Nein mag für den anderen eine Enttäuschung, einen kurzen Schmerz hervorrufen, aber er wird damit leben können. Denn nicht jeder Schuss kann ein Treffer sein. Also bitte, wenn Sie Nein meinen, dann sagen Sie auch Nein, und zwar im ersten Gespräch. Das ist ehrlich und respektvoll. Ich bin mir sehr sicher, dass Ihnen danach nichts Böses widerfahren wird.

Top 2: Unsicherheit

Unsicherheit ist ein häufiger Grund, warum es Menschen schwerfällt, Nein zu sagen. Dieser Grund kann mehrere Auslöser haben, zum Beispiel die Angst vor Verlust. Diese kann Menschen unsicher machen, weil sie Angst haben, dass das Ablehnen einer Bitte oder eines Angebots negative Folgen haben könnte, wie beispielsweise den Verlust einer Freundschaft, einer wichtigen Beziehung oder das Verpassen einer Karrierechance.

Häufig ist auch der Mangel an Selbstvertrauen der Grund für das Verhalten. Dies kann dazu führen, dass Menschen unsicher sind, wenn es darum geht, ihre Meinung zu äußern und Entscheidungen zu treffen. Sie fühlen sich nicht selten dazu gezwungen, Ja zu sagen, obwohl sie eigentlich Nein meinen.

Nicht zu unterschätzen ist der soziale Druck. Dieser kann Unsicherheit erzeugen, weil einem suggeriert wird, immer hilfsbereit und verfügbar zu sein. Das kann nicht selten dazu führen, dass wir Schwierigkeiten haben, eine Bitte oder ein Angebot abzulehnen, selbst wenn es uns unangenehm ist.

Viele Menschen fürchten sich auch vor den Konsequenzen. Das ruft Unsicherheit hervor, da ich nicht weiß, wie mein Gegenüber auf das Ablehnen einer Bitte oder eines Angebots reagiert, wie er sich verhält. Da ich die möglichen Folgen nicht kenne, kann es schwierig sein, eine Entscheidung zu treffen und Nein zu sagen.

Zusammengefasst lässt sich festhalten, dass Unsicherheit einer der häufigsten Gründe dafür ist, dass es Menschen schwerfällt, Nein zu sagen. Die Gründe sind vielfältig und jeder kann sie nur für sich selbst im Einzelnen aufklären. Aber ich kann dieses Verhalten auch zu verstehen versuchen, indem ich den Grund genauer analysiere und mich selbst hinterfrage, warum ich so eine Furcht vor dem Nein habe. Oftmals sind es negative Erfahrungen in der Vergangenheit, die das Fundament dafür gelegt haben.

> **Meine Empfehlung**
>
> Stellen Sie sich das Schlimmste vor, was passieren kann, wenn Sie Nein sagen, den Worst Case, und dann überlegen Sie, wie oft dieser schlimmste Fall in Ihrem persönlichen Umfeld tatsächlich eingetreten ist. Zum Beispiel in Ihrem Freundes-, Kollegen- oder Bekanntenkreis. In den allermeisten Fällen werden Sie feststellen, dass der Worst Case bis dato noch nie eingetreten ist. Also alles halb so wild, wie man so schön sagt.

Top 3: Der Wunsch, beliebt und akzeptiert zu sein

Warum ist der Wunsch, beliebt und akzeptiert zu sein, einer der häufigsten Gründe, nicht Nein sagen zu können? Einfach weil wir Angst haben, abgelehnt zu werden und unseren sozialen Status zu schwächen. Dies kann nicht selten zu einer Überforderung und Einschränkung der eigenen Bedürfnisse und Grenzen führen.

Der Wunsch nach Zustimmung und Akzeptanz ist tief in unserem menschlichen Bedürfnis nach sozialer Interaktion und Zugehörigkeit verwurzelt. Es ist normal, dass Menschen sich in Gruppen zusammenfinden und ihre Identität durch ihre Beziehungen zu anderen definieren. In vielen Fällen führt dies dazu, dass man versucht, anderen zu gefallen, um eine positive soziale Interaktion zu gewährleisten. Für jeden Menschen ist es von großer Bedeutung, gemocht, akzeptiert und sozial integriert zu werden. Das stärkt im positiven Fall das Selbstwertgefühl so sehr, wie es im negativen Fall schwächen kann. Und ganz ehrlich, wer möchte denn schon auf Dauer allein, ohne Freunde und Zustimmung sein?

Allerdings kann dieser Wunsch, beliebt und akzeptiert zu sein, zu einem Konflikt mit den eigenen Bedürfnissen und Werten führen, wenn man dazu gezwungen wird oder sich selbst dazu zwingt, etwas zu tun, das man nicht möchte, nur um beliebt und akzeptiert zu bleiben. Dies kann auch dazu führen, dass man seine eigene Integrität verliert und dadurch die Fähigkeit, Entscheidungen auf der Grundlage dessen zu treffen, was wirklich wichtig ist.

Um dies zu vermeiden, ist es bedeutsam, klare Grenzen zu setzen und zu lernen, wie man Nein sagt, wenn es notwendig ist. Dies bedeutet nicht, dass man sich von sozialen Interaktionen und Beziehungen zurückziehen muss, aber es ermöglicht einem, sich selbst zu schützen und Entscheidungen zu treffen, die den eigenen Bedürfnissen und Werten entsprechen. Man bleibt sich selbst treu, und auf lange Sicht kann dies dazu beitragen, dass man ein erfüllteres Leben führt.

> **Meine Empfehlung**
>
> Behalten Sie die Kontrolle über Ihre eigene Zukunft. Bleiben Sie authentisch und ehrlich, denn genau dafür werden Sie gemocht – oder von einzelnen Menschen manchmal vielleicht auch nicht. Aber man kann es nicht jedem Recht machen.

Top 4: Selbstbewusstsein und Selbstvertrauen
Was für ein weitreichendes Thema. Seit Beginn meiner Tätigkeit im Personal-, Karriere- und Talentbereich, aber auch schon davor, habe ich eine Vielzahl von Klienten und Seminarteilnehmern mit schwachem Selbstbewusstsein und Selbstvertrauen erlebt. Auch in meiner Königsdisziplin, der Kommunikationsstrategie, sind diese beiden Punkte nicht wegzudenken. Nicht selten ist genau das der Grund meiner Beauftragung.

Mangel an Selbstbewusstsein und Selbstvertrauen kann zu einem Gefühl der Unzulänglichkeit und Minderwertigkeit führen. Dies wiederum kann dazu führen, dass sich eine Person unsicher fühlt, wenn es darum geht, ihre Bedürfnisse und Grenzen zu setzen und Nein zu sagen.

Nicht selten verlassen sich solche Menschen stark auf die Meinung anderer. Sie sind weniger in der Lage, eigene Entscheidungen zu treffen. Dies kann dazu führen, dass sie sich verpflichtet fühlen, die Anfragen anderer Personen zu erfüllen, selbst wenn es ihren eigenen Bedürfnisse nicht entspricht und ihre Grenzen überschreitet oder im schlimmsten Fall widerspricht. Auch kann es eine starke Angst vor Konflikten oder Ablehnung sein, die dazu führt, dass die Person Ja sagt, um Konflikte zu vermeiden oder um beliebt zu sein, selbst wenn es auch hier gegen ihre eigenen Interessen geht.

Was wir in der heutigen schnelllebigen Zeit nicht unterschätzen und schon gar nicht vergessen dürfen: Mangelndes Selbstbewusstsein und Selbstvertrauen kann auch zu einer Überforderung und einer erhöhten Belastung führen. Dies gerade dann, wenn eine Person zu viele Verpflichtungen übernimmt, ohne klare Grenzen zu setzen.

> **Meine Empfehlung**
>
> Um mangelndem Selbstbewusstsein und Selbstvertrauen entgegenzuwirken, kann es hilfreich sein, Übungen zur Selbstwertsteigerung durchzuführen und sich bewusst Zeit für sich selbst zu nehmen. Eine Person kann auch lernen, ihre Bedürfnisse und Grenzen auszudrücken und sich selbstbewusst und respektvoll gegenüber anderen zu verhalten. Im Einzelfall kann es hilfreich sein, professionelle Unterstützung durch einen Therapeuten oder Coach zu suchen, der seinen Klienten bei der persönlichen Arbeit an diesen Themen gezielt unterstützt.

Top 5: Überforderung und Überlastung
Überforderung und Überlastung sind oft Ursachen für die Schwierigkeit, Nein zu sagen, weil man sich verpflichtet fühlt, alles zu erledigen, was man zugesagt hat, und Angst hat, andere zu enttäuschen. Dies kann zu einer Überlastung führen und dazu, dass man sich immer mehr Verpflichtungen aufbürdet, bis man schließlich im negativen Sinne überwältigt oder ausgebrannt ist.

Auch das wiederkehrende Bedürfnis nach Zustimmung und Anerkennung ist ein häufiger Grund für die mangelnde Fähigkeit, Nein zu sagen. Viele Menschen haben Angst, andere zu enttäuschen oder abzulehnen, wenn sie Nein sagen, und fühlen sich verpflichtet, jede Bitte zu erfüllen, um die Zustimmung und Anerkennung anderer zu erlangen.

Ein spannendes und stets aktuelles Thema kann in diesem Zusammenhang auch mangelndes Zeitmanagement und eine dadurch semioptimale Organisation sein. Wenn man zum Beispiel nicht weiß, wie man seine Zeit effektiv verwaltet, kann man diesen Faktor schnell unterschätzen und sich zu viele Verpflichtungen aufbürden, was im Endeffekt zwangsläufig zu Überforderung und Überlastung führt.

> **Meine Empfehlung**
>
> Lernen Sie, Grenzen zu setzen und Nein zu sagen, wenn Sie sich überfordert oder überlastet fühlen. Man sollte seine Verpflichtungen realistisch einschätzen und Prioritäten setzen, um eine Überlastung zu vermeiden. Es ist wichtig, dass Sie sich Zeit für sich selbst nehmen und ihre Grenzen respektieren, um ein gesundes Gleichgewicht zu finden.
>
> Überforderung und Überlastung sind die direkten Wege zum persönlichen Burn-out. Steuern Sie bitte nicht direkt darauf hin, sondern gehen Sie vor Anker und gönnen sich Ruhe, um neue Kraft zu tanken. Wir sind Menschen und keine Maschinen. Und selbst die können bei Überlastung kaputt gehen.

Das waren die fünf Hauptgründe, warum es Menschen schwerfällt, Nein zu sagen. Stattdessen halten sie ihren Gesprächspartner hin. Haben Sie einige Punkte bei sich wiedererkannt?

Zehn Beispiele für unehrliche Kommunikation
Wer immer wieder »rostige Tools« der unehrlichen Kommunikation verwendet, wird irgendwann feststellen, dass er als seriöser Gesprächspartner ausgeschieden ist. Dann wieder Fuß zu fassen, sich zu entschuldigen und eine wertschätzende Kommunikation neu aufzubauen, wieder anerkannt, integriert und respektiert zu werden, ist eine echte Herausforderung.

Wenn ich alle Sätze, die ich von Unternehmern, Klienten, Seminarteilnehmern, Geschäftskunden und Freunden gehört habe, zusammenstellen würde, inklusive meiner eigenen Erfahrungen, so könnte ich allein damit sicherlich einen ganzen Ratgeber füllen. Ich habe im Vorfeld einige Menschen gebeten, mir unehrliche Äußerungen zu nennen, die sie verärgert oder verletzt haben. Nur prophylaktisch und aus reiner Vorsorge, möchte ich Ihnen eine Auswahl von zehn dieser »Meisterwerke der Fälschung«, der unaufrichtigen Rede vorstellen. Ich bin sicher, Sie werden über diese Äußerungen ebenso mit dem Kopf schütteln und erschüttert sein wie ich. Aber dies ist kein Märchenbuch, sondern harte, tägliche Realität in vielen Unternehmen und sogar in Kantinen oder im Restaurant hört man sie, um dort den Gesprächspartnern das Essen zu verderben, indem man Zucker verspricht und Salz liefert.

1. »Lassen Sie uns gern in Kontakt bleiben.«
   Die häufigsten Antwort: »Sehr gern, würde mich freuen, kommen Sie jederzeit auf mich zu, auch ich werde mich bei Ihnen melden.«
   Resultat: Toter Kontakt, morgen schon vergessen und später »nie gehört oder gesagt«.
2. »Das klingt sehr gut, ich werde das in jedem Fall intern besprechen und komme auf Sie zu.«
   Die häufigste Antwort: »Sehr gern, wann kann ich mit Ihrem Anruf rechnen?«
   Resultat: Gar nicht mehr, und wenn Sie mich anrufen, dann haben wir uns für einen anderen Weg entschieden oder haben es auf den Herbst vertagt. Vielleicht lasse ich mich sogar am Telefon verleugnen.
3. »Das war ein sehr gutes erstes Gespräch, ich freue mich auf die Fortsetzung.«
   Die häufigste Antwort: »Ich mich ebenso, gerne besprechen wir dann meine Idee anhand Ihrer aktuellen Situation.«
   Resultat: … Die es niemals geben wird, weil mich Ihr Vorschlag nicht interessiert. Ich kann halt so schlecht Nein sagen.
4. »Ich komme zeitnah auf Sie zu, dann gehen wir das Thema gemeinsam an.«
   Die häufigste Antwort: »Darauf freue ich mich, wann höre ich wieder von Ihnen?«
   Resultat: Nie mehr, denn zeitnah bedeutet in diesem Fall, dass ich keine Zeit habe.
5. »Von Ihrer Erfahrung können wir nur profitieren, schön, wenn Sie mit an Bord sind.«
   Die häufigste Antwort: »Ich stehe ihnen gern jederzeit zur Verfügung und bereite noch einige Daten für unsere nächste Begegnung vor.«
   Resultat: Ihre Erfahrung ist für uns wertlos und an Bord lasse ich Sie definitiv nicht.
6. »Wir beenden gerade ein Projekt, dann würde ich gerne intensiver mit Ihnen über die Möglichkeiten sprechen.«
   Die häufigste Antwort: »Das hört sich gut an, wann wollen wir unser gutes Gespräch wieder aufnehmen bzw. fortsetzen?«
   Resultat: Nie, denn nach diesem Projekt habe ich bereits ein neues Projekt, aber nicht mit Ihnen.
7. »Das ist für uns in jedem Fall hoch interessant.«
   Die häufigste Antwort: »Es freut mich, dass ich Sie von meiner Idee überzeugen konnte. Ich schlage vor, wir vereinbaren zeitnah einen zweiten Termin, um zu schauen, wo ich helfen kann und wie wir es umsetzen können.«
   Resultat: Was interessiert mich mein Geschwätz von gestern. Jetzt fahre ich erst einmal in den Urlaub und dann bin ich auf Terminen.
8. »Wenn wir das Thema angehen, komme ich in jedem Fall auf Sie zu.«
   Die häufigste Antwort: »Sehr gern, lassen Sie mich zeitnah wissen, welche Informationen Sie noch zusätzlich vorab benötigen.«
   Resultat: Keine, denn ich werde kein Geschäft mit Ihnen machen. Muss mir nur

etwas einfallen lassen, nach dem Motto: »Wir haben das Thema erstmal verschoben.« Vielleicht füge ich noch die Wortzusätze »auf unbestimmte Zeit oder bis Ende des Jahres«. Dann bin ich den los.

9. »Also mich hat das Gespräch überzeugt, lassen Sie uns gerne nochmal darüber sprechen.«
Die häufigste Antwort: »Sehr schön, dann lassen Sie uns zeitnah einen weiteren Termin vereinbaren. Gern überzeuge ich auch Ihre Kollegen oder die Geschäftsleitung …«
Resultat: Ich bin keineswegs überzeugt und intern vorstellen werde ich diese Idee auch nicht. Am besten, ich lasse es einschlafen.

10. »Für mich ist das stimmig, als Nächstes werde ich einen Termin in unserem Hause realisieren.«
Die häufigste Antwort: »Prima, dann freue ich mich auf den nächsten Termin in Ihrem Hause. Lassen Sie uns dann alles konkretisieren.«
Resultat: Konkret ist nur, dass es keinen Termin geben wird. Mir gefällt weder der Typ noch das Angebot.

Nun wissen Sie, warum ich immer versuche, den Entscheider zu erreichen. Vor vielen Jahren habe ich einmal von einem waschechten Vertriebler folgenden Satz gehört: »Wer schreibt, der bleibt.« Genau so ist es: Nur wer im Gedächtnis bleibt, hat auch eine Chance auf einen erfolgreichen Abschluss. Leider können Sie gegen diese Hinhaltetaktiken mancher Gesprächspartner wenig machen. Schließlich möchten Sie Ihre Gesprächspartner nicht missionieren.

Je weiter Sie in der Hierarchie aufsteigen, desto besser. Aus meiner Erfahrung darf ich Ihnen sagen, dass Gespräche mit Vorständen oftmals angenehmer und produktiver sind als alle anderen. Also probieren Sie es gern aus. Ich wünsche ihnen ganz viel Erfolg.

18 So entmachten Sie unfaire Kritiker, Störenfriede und Besserwisser

Oder: »Wer im Leben selbst kein Ziel hat, kann wenigstens das Vorankommen der anderen stören.« (Benjamin Franklin)

Während meiner fast 15-jährigen Zeit in der Wohnungswirtschaft war ich in meiner Eigenschaft als Handlungsbevollmächtigter des Konzerns für viele Eigentümer- und Mieterversammlungen verantwortlich. Ich habe Vorgespräche geführt, mit Firmen verhandelt, Angebote eingeholt, die Agenda hierfür entwickelt, alles Notwendige vorbereitet, Themen vorgetragen, Beschlüsse formuliert, gefasst und umgesetzt. Als erster Ansprechpartner stand ich für Fragen, Vorschläge, Ideen, Anregungen, aber auch für Beschwerden zur Verfügung. Ich wiederhole mich gern, wenn ich sage, dass ich nach wie vor der Meinung bin, dass die Immobilienwirtschaft zu den härtesten Branchen gehört. Hier kommt es mehr als sonst auf eine klare, starke Kommunikation an. Das Besondere daran ist, dass Sie diese Kommunikation fast immer unter Zeitdruck führen. Eine echte Herausforderung.

Als ich 1985 mit meiner Ausbildung anfing und die ersten Schritte auf diesem Parkett machte, hatte ich stets das Gefühl, dass sowohl Mieter als auch Eigentümer freundlich waren. Ich spürte den Respekt, die Anerkennung und die Unterstützung durch die Mehrheit der Menschen, für die ich arbeitete. Es war ein spannender, abwechslungsreicher Job, der Spaß machte und recht gut bezahlt war. Ich hatte also die richtige Berufswahl getroffen und meinen, falls man dies überhaupt sagen kann, Traumjob gefunden. Fünf Jahre und einen Grundwehrdienst bei der Bundeswehr später war ich bereits in eine leitende Funktion aufgestiegen und konnte mir gar keine andere Tätigkeit mehr vorstellen.

Ich hatte es damals schon mit Kritikern, Nörglern, Störenfrieden und Besserwissern zu tun, die vereinzelt ihren Meinung dazugeben mussten und immer wieder versuchten, mir Fehler nachzuweisen. Damit muss man in diesem Job leben und als junger Verwalter ist dies eine echte Herausforderung. Hut ab vor jedem, der sich dieser Herausforderung stellt.

Eines möchte ich jedoch jedem jungen und unerfahrenen Menschen mit auf den Weg geben: Nehmen Sie sich unfaire Kritik nicht zu Herzen, lassen Sie es nicht zu nah an sich rankommen und bewahren Sie Ruhe und Gelassenheit. Durch diese Souveränität haben Sie die beste Basis, nicht nur gut und erfolgreich durch eine Versammlung oder ein Gespräch zu kommen. Sie zeigen damit auch Stärke und überzeugen als Persönlichkeit. Denn genau solch einer Persönlichkeit möchte ich meine Immobilie anvertrauen. Ein Mensch, der weiß, was er will, der weiß, wovon er spricht, und der ruhig und gelassen bleibt, wenn andere zu stören beginnen oder eine angespannte Situation entsteht. Den jungen Leserinnen und Lesern meines Buches möchte ich sagen, dass es mit der Erfahrung und Routine des zunehmenden Alters besser wird, leichter, nicht mehr so schlimm. Also halten Sie durch.

Aber nun zur Leitfrage dieses Kapitels: Wie werde ich mit Störenfrieden und Besserwissern fertig? Wie begegne ich ihnen und wie argumentiere und verhalte ich mich in solchen schwierigen Situationen?

Hier möchte ich zunächst ein wenig auszuholen. Mein damaliger erfahrener Verwalterkollege, der mich einarbeitete und von dem ich die Objekte später übernehmen sollte, ging sehr burschikos vor. So hörte man von ihm zum Beispiel auf Eigentümerversammlungen manchmal deutliche, unmissverständliche und oftmals sehr forsche Sätze wie zum Beispiel: »Jetzt setzen Sie sich endlich hin und hören auf zu quatschen, ich habe nicht den ganzen Abend Zeit.« Sie können sich sicherlich vorstellen, wie ich als 23-jähriger Neuling geschaut habe, als ich diese und andere sehr direkten Ermahnungen hörte. Ich dachte, jetzt würden alle auf ihn losgehen. Aber genau das Gegenteil war der Fall.

Die Präsenz dieses Mannes war so stark zu spüren, dass ich das Gefühl hatte, sie »umschlingt« mich. Ich war entsetzt und beeindruckt zugleich und musste ein wenig schmunzeln. Dieser Mann hatte durch sein dominantes Verhalten alle Teilnehmer im Griff und auf der gesamten Versammlung kam kein negatives oder störendes Wort auf. Die Veranstaltung lief im wahrsten Sinne des Wortes reibungslos ab. Ich habe ihn nach der Versammlung natürlich darauf angesprochen und seine Worte habe ich heute noch im Ohr: »Ich bin ein erfahrener Verwalter und arbeite sehr gut für meine Gemeinschaften. Dafür erwarte ich Respekt und wünsche einen raschen Ablauf ohne Gegenworte. Die Eigentümergemeinschaften können froh sein, dass Sie mich als Verwalter haben.« Für mich war das damals der Inbegriff von Souveränität, obwohl ich mir niemals erlaubt habe, bis heute nicht, so mit Menschen zu sprechen. Dafür habe ich im Laufe der Zeit andere Strategien entwickelt, ausprobiert und optimiert, die ich Ihnen gern mit auf den Weg gebe.

Menschen, die dazwischenreden, alles besser Wissen, andere denunzieren, sie bloßstellen, zu Fehlern zwingen möchten, um sich dann am Versagen des anderen zu erfreuen, haben es nicht drauf. Sie bekommen selbst so gut wie nichts auf die Reihe, haben keinen Anstand und nicht das Zeug, einen produktiven Beitrag zu leisten. Sie stören, weil dies ihre Art ist, auf sich aufmerksam zu machen und ihr mangelndes Selbstbewusstsein zu stärken. Es ist bloß ein Schrei nach Aufmerksamkeit. Denn qualitative, durchdachte und wirklich unterstützende Beiträge sind ihnen meistens fremd. Das müssen Sie wissen, wenn Sie es mit so jemanden zu tun haben. Wenn Sie dies für sich verinnerlicht haben, wirkt die »gespielte Bedrohung« nur halb so schwer und verschwindet irgendwann ganz. Ihre Souveränität hat sich entwickelt, Gratulation. Sie sind eine starke Persönlichkeit, präsent und verbindlich. Und genau so treten Sie auf: bestimmt, strategisch, aber nicht unsympathisch. Sie werden schnell sehen und erfahren, dass die Menschen hinter Ihnen stehen und Sie unterstützen.

Die Strategie: Entmachtung durch Integration
Wenn mir Störenfriede begegnen, was zum Glück sehr selten passiert, entmachte ich sie, in dem ich ihnen Verantwortung übertrage und sie als »willkommene Partner« und »geschätzte Experten« ernstnehme. Ich hole sie mit ins Boot. Was glauben Sie, wie sich solch ein Mensch fühlt, wenn man ihn als Experte bezeichnet? Ich verrate es Ihnen: ausgezeichnet.

Meine strategische Vorgehensweise läuft wie folgt ab:
1. Lob für den Einwand
2. Übertragung des Expertenstatus
3. Bitte um Darlegung des Themas, Problems und der Lösung aus seiner Sicht
4. Angebot der Integration
5. Aufforderung zur Unterstützung und zum Mitwirken
6. Besiegeln und verbindlich machen
    - Sind alle damit einverstanden?
    - Aufnahme ins Protokoll

Mehr bedarf es in der Regel nicht. Der Störenfried fühlt sich ernst genommen und wertgeschätzt. Er ist zufrieden und wir können fortfahren. Mein Tipp: Sprechen Sie ihn im Laufe der Versammlung, des Meetings, der Diskussionsrunde etc. immer wieder auf seine Meinung zum Thema an.

So weit so gut, alles zur Zufriedenheit erledigt, ich habe einen neuen Verbündeten und es kann weitergehen. Oder …?

Oder der Besserwisser rudert zurück und überlässt mir die weitere Bearbeitung: »Ich wollte ja nur einmal anmerken. Machen Sie bitte weiter, Sie sind der Fachmann.« Vielen Dank dafür. Denn – und vielleicht verrate ich Ihnen damit ein Geheimnis – sobald man diesem Typus, dem Störenfried eine verantwortungsvolle Aufgabe übergibt, zieht er seinen Beitrag und vor allem sich selbst zurück. Denn sonst müsste er beweisen, dass er der Sache gewachsen ist, und man würde ihn an seinem Handeln und dem Ergebnis messen. Ich hatte ja bereits geschrieben, um welchen Persönlichkeitstypus es sich in der Regel handelt. Und wer möchte schon in der laufenden Versammlung sein Gesicht oder seine Souveränität verlieren und vielleicht sogar noch belächelt, im schlimmsten Fall sogar ausgelacht werden?

In beiden Fällen ist die Sache nicht nur erledigt, Sie haben noch dazu gewonnen. Denn auch wenn Sie ihn informieren, zu einem eigenen Beitrag auffordern oder das (Fach-) Gespräch mit ihm suchen. Selten kommt dabei etwas Konstruktives heraus. Er wird sich zurückziehen und Sie haben nun einen echten Joker in der Hinterhand – für den Fall, dass der Störenfried sich wieder unqualifiziert meldet. Dann, aber bitte nur dann konfrontieren Sie ihn mit seiner fehlenden oder ungenügenden Leistung: »Ich hatte Sie ja mehrfach angeschrieben und um Ihre Expertise gebeten. Leider erhielt ich keine Antwort von Ihnen, was ich sehr bedauere.« Danach wird es sicherlich mucksmäuschenstill sein. Hören Sie die Nadel fallen?

Manchmal wird also aus dem Besserwisser und Störenfried Ihr bester Fürsprecher. Was wollen Sie mehr? Die Erfolgsaussichten dafür sind sehr gut. Das sage ich mit meiner Erfahrung gerade im Bereich der *verbindlichen* Kommunikationsstrategie. Ich könnte ganze Bücher darüber schreiben, aber ich bin nicht schadenfroh, nur ein vehementer Gegner von Ungerechtigkeiten.

19 »Schau mal, was Du angerichtet hast« – verletzende Worte

Oder: »Magst du andre nicht verletzen, lern' in andre dich zu versetzen.«
(Deutsches Sprichwort)
Eine Lieblingssängerin meines verstorbenen Vaters war Daliah Lavi. In ihrem Lied »Meine Art Liebe zu zeigen« kommt ein Satz vor, der, wohl ungewollt, gerade im Business eine große Bedeutung hat. Sie singt: »Worte zerstören, wo sie nicht hingehören.« Im Grunde beschreiben diese sechs Worte die gesamte Problematik der verbalen Kommunikation.

Worte können verletzten und tun dies auch, wenn Sie zum Beispiel aus Hass, Wut, Zorn, Verzweiflung, Aussichtslosigkeit oder Enttäuschung heraus gesagt werden. Aber auch im Business sind einige Einstellungen anzutreffen, die Worte verletzend wirken lassen: Arroganz, Überheblichkeit und die Gleichgültigkeit. Dazu kommt mangelnder Respekt, wenig oder keine Wertschätzung und die persönliche Einstellung.

Es gibt Menschen, die, wenn sie mit oder vor anderen Personen sprechen, diese durch ihre Persönlichkeit, durch Empathie und Wertschätzung erreichen. Diesen Personen hört man gerne zu, man verfolgt ihre Rede neugierig und mit großem Interesse und hängt ihnen, wie es so schön heißt, an den Lippen. Fast jedes Wort animiert zum Weiterdenken, ist pure Inspiration und bereichernd. Ein entscheidender Punkt hierbei ist die Wahl der Worte. Die Worte, die vom Redner wohl überlegt und empathisch gesprochen bei uns ankommen und Gefühle, Gedanken und eine wohlige Wärme freisetzen.

Leider gibt es fast immer auch eine Kehrseite. Worte, und das hatte ich bereits zu Beginn dieses Buchs geschrieben, können Dich in den Himmel heben und ebenso ganz tief fallen lassen. Worte können heilsam, jedoch auch verletzend sein. Sie können aufbauen und zerstören. Deshalb ist es so wichtig, die richtigen Worte zu finden, denn das gesprochene Wort kann man nicht zurückholen. Selbst ein »Sorry«, »Verzeihung«, »Das habe ich nicht so gemeint« oder eine andere Entschuldigung können daran nur bedingt etwas ändern. Es bleibt der bittere Beigeschmack und die Erinnerung an die Verletzung. Bei manch einem von uns verblasst sie mit der Zeit, bei anderen wiederum bleibt sie ein Leben lang.

Worte können also eine unglaubliche Macht haben – sie können inspirieren, motivieren und trösten. Aber Worte können auch verletzen, sowohl absichtlich als auch unabsichtlich. Wenn jemand verletzende Worte hört, kann das zu einem tiefem emotionalen Schmerz und Leiden führen.

Wie Sie auf verletzende Bemerkungen souverän reagieren

Wie reagieren Sie, wenn Sie zum Beispiel von Ihrem Vorgesetzten oder einem Mitarbeiter eine verletzende Bemerkung »einstecken« müssen? Meine wichtigste Empfehlung: Gehen Sie nicht weg und lassen Sie die verletzende Bemerkung nicht unkommentiert. Auch wenn dieses Verhalten leider oft empfohlen wird, ist es meiner Meinung nach falsch. Auf der anderen Seite sollten Sie bitte nicht einen internen Büro- oder Kollegenkrieg beginnen. Parieren Sie jeden Angriff glanzvoll mit einem sachlichen Vorschlag. Holen Sie Ihren »Gegner« dabei mit ins Boot. Es wird ihn innerlich ärgern und er wird sehr bald die Lust verlieren, Sie zu attackieren. Bleiben Sie also ruhig und souverän. Also das Gegenteil von dem, was Ihr Gegenüber erwartet. Ganz einfach.

Im Folgenden finden Sie einige typische Beispiele für verletzende Bemerkungen im Berufskontext und eine Empfehlung, wie Sie darauf souverän und gelassen regieren können.

Verletzende Sätze und wie Sie darauf souverän reagieren

1. »Sie sind nicht kompetent genug, um diese Aufgabe zu übernehmen.«

Entmachten Sie die Person mit folgender Antwort: »Danke für Ihr Feedback. Ich bin offen für konstruktive Kritik. Können wir darüber sprechen, wie ich meine Fähigkeiten verbessern kann, um optimaler zur Teamarbeit beizutragen?«

2. »Ihre Ideen sind immer nutzlos und führen zu nichts.«

Ihre Antwort darauf: »Ich schätze Ihre Meinung, aber ich glaube fest daran, dass jede Idee Wert hat, erkundet zu werden. Lassen Sie uns gemeinsam nach Möglichkeiten suchen, wie meine Ideen zum Erfolg unseres Projekts beitragen können.«

3. »Du bist zu emotional für diese Diskussion.«

Die passende Antwort: »Emotionen sind ein natürlicher Teil der Kommunikation. Lassen Sie uns versuchen, meine Gefühle zu verstehen und konstruktiv damit umzugehen, um zu einer Lösung zu gelangen, die für alle zufriedenstellend ist.«

4. »Du bist zu jung/alt, um hier eine Meinung zu haben.«

Diese verletzende Unterstellung beantworte ich so: »Alter ist kein Maßstab für Erfahrung oder Fähigkeiten. Ich bin bereit, mein Wissen und meine Perspektive einzubringen, um zum Erfolg unseres Teams beizutragen.«

5. »Dein Beitrag ist unwichtig. Wir können das auch ohne dich schaffen.«

Und so reagiere ich: »Jeder Beitrag ist wertvoll für den Erfolg des Teams. Ich bin hier, um zu helfen und meinen Teil beizutragen. Lassen Sie uns gemeinsam an einer Lösung arbeiten, bei der jeder seine Stärken einbringen kann.«

Für jeden, der täglich kommuniziert, also für uns alle, ist es wichtig, sich bewusst zu machen, wie Worte wirken können und wie man verhindert, dass man andere damit verletzt. Denn verletzende Worte können dazu führen, dass Menschen sich unverstanden, unwichtig oder ungeliebt fühlen. Sie können Traurigkeit, Wut, Enttäuschung und ein Gefühl der Ablehnung hervorrufen. Wenn wir verletzende Worte hören, kann das negative Auswirkungen auf unsere mentale und physische Gesundheit haben. Es beeinträchtigt unser Selbstwertgefühl und unsere Selbstachtung, was wiederum zu psychischen Problemen führen kann. Umso wichtiger ist es, auf unsere Wortwahl zu achten, um sicherzustellen, dass wir andere nicht versehentlich oder im schlimmsten Fall mit voller Absicht verletzen.

Es ist auch wesentlich zu beachten, dass es oft nicht nur darum geht, *was* wir sagen, sondern auch darum, *wie* wir es sagen. Ein freundliches oder empathisches Wort kann eine Welt voller Unterschiede ausmachen. Das bedeutet, dass wir, wenn wir mit anderen sprechen, auf unseren Tonfall, unsere Körpersprache und unsere Gesten achten sollten. Wenn wir mitfühlend und liebevoll sprechen, können wir dazu beitragen, dass andere sich verstanden, akzeptiert, wertgeschätzt und geliebt fühlen.

Schließlich ist es bedeutend, dass wir auch gegenüber uns selbst freundlich und liebevoll sprechen. Die Worte, die wir zu uns sagen, können ebenso verletzend sein wie die Worte, die von anderen kommen. Wir sollten uns daher bewusst sein, wie wir uns selbst betrachten, und uns darauf konzentrieren, auch uns selbst liebevoll und mitfühlend zu behandeln. Wenn wir uns selbst gegenüber freundlich sind, können wir auch anderen gegenüber freundlicher sein. Das klingt einfach, ist aber nicht selten für viele Menschen eine echte Herausforderung.

Mein Fazit

Worte haben eine unglaubliche Kraft. Wir sollten uns der Auswirkungen unserer Worte bewusst sein und sicherstellen, dass wir andere nicht versehentlich oder gar absichtlich verletzen. Wir sollten auch darauf achten, wie wir sprechen, und uns selbst gegenüber freundlich und achtsam sein. Wenn wir uns dessen bewusst sind und verantwortungsvoll mit unseren Worten umgehen, können wir dazu beitragen, eine Welt zu schaffen, in der jeder sich respektiert, verstanden und geliebt fühlt. Das ist eine echte Herkulesaufgabe, aber sie ist möglich. Möglich dann, wenn alle dazu bereit sind. Ich bin es, Sie sind es und sicher finden wir noch viele weitere Mitstreiter.

Entscheidend für den Erfolg ist es, dass wir mit gutem Beispiel vorangehen. Also los, machen wir uns auf den Weg, die guten Vorsätze in unserem täglichen Business umzusetzen. Lassen Sie uns mit unserer Kommunikation ein Stück zum Gelingen des wertschätzenden, respektvollen gesprochenen Wortes beitragen.

20 Das PrIO-System – in drei Stufen zu größerer Überzeugungskraft

Oder: »Ich bin nämlich eigentlich ganz anders, aber ich komme nur so selten dazu.« (Ödön von Horváth)
Joseph Joubert sagte einst: »Nur der Überzeugte überzeugt.« Überzeugungskraft spielt in der Kommunikation eine entscheidende, wenn nicht sogar die wichtigste Rolle. Nur wenn ich von dem, was ich tue, voll und ganz überzeugt bin, kann ich andere überzeugen.

Vor vielen Jahren habe ich das »PrIO-System« entwickelt. Eine Methode, um in drei Stufen eine größere Überzeugungskraft aufzubauen. Denn ein wirksames Individuum mit einer überzeugenden Argumentation führt regelmäßig zu einem hervorragenden Ergebnis. So hat, wenn es um Überzeugungskraft geht, das **Ich** immer Vorrang. Erlauben Sie sich also, ein wenig »positiver Egoist« zu sein, und gehen Sie mit mir diese drei Stufen zum Aufbau Ihrer ganz persönlichen Überzeugungskraft.

Stufe 1
Dies ist die Stufe der inneren Einstellung zu Ihrer Persönlichkeit.

Stellen Sie sich hierzu drei kurze Fragen:
1. Wie selbstsicher bin ich (heute)?
2. Wie fühle ich mich (heute)?
3. Bin ich voll und ganz von mir überzeugt?

Stufe 2
Dies ist die Stufe der Einstellung gegenüber Ihrem Unternehmen und Ihre Identifikation mit dem Unternehmen.

Stellen Sie sich auch hierzu drei kurze Fragen:
1. Wie sehr identifiziere ich mich mit meinem Unternehmen?
2. Was schätze ich an meinem Unternehmen besonders?
3. Bin ich voll und ganz von meinem Unternehmen sowie seinem Produkt oder seiner (Dienst-)Leistung überzeugt?

Stufe 3
Dies ist die Stufe der Einstellung gegenüber Ihren Kunden, Ihren Geschäftspartnern sowie Ihrem Kundenmanagement.

Auch hierzu stellen Sie sich bitte drei kurze Fragen:
1. Wie viel weiß ich über mein Gegenüber, wie gut kenne ich ihn oder sie?
2. Was ist meinem Kunden wirklich wichtig, worauf legt er besonderen Wert?
3. Wie kann ich meinen Kunden außerordentlich zufriedenstellen?

Nachdem wir die drei Seiten einer starke Persönlichkeit nun beschrieben haben, stellt sich die Frage: »Was ist bzw. bedeutet eine starke Argumentation?«

Hier einige Anregungen, Ideen und Tipps von mir:
- **Vorbereitung:** Wer ist mein Gesprächspartner, zum Beispiel Kunde, Interessent, Klient?
- **Recherche:** Wo sind Bedarfe, wo »drückt der Schuh«?
- **Klare Ansprache:** Wo liegt der Nutzen des Gesprächspartners, wo seine Vorteile?
- **Keine negativen Formulierungen:** Positive An- und Aussprache
- **Exaktes Angebot:** Individuell auf mein Gegenüber und seine Bedürfnisse abgestimmt
- **Nachhaltigkeit:** Was biete ich dem Kunden nach dem Verkauf?

Und zu guter Letzt: »Was ist bzw. bedeutet ein starkes Ergebnis?«

Binden Sie Ihr Gegenüber, Ihre Kunden, Ihre Zuhörer, Teilnehmer an sich. Sie haben das Drehbuch in der Hand, Sie sind Spezialist, Experte, Fachmann. Formulieren Sie stark und richten Sie sich auf Ihren Gesprächspartner aus. Hier einige Beispiele:

> **Formulierungsbeispiele**
>
> - »Und gerade für Sie habe ich in diesem Bereich recherchiert.«
> - »Genau auf Ihren Wunsch abgestimmt habe ich dieses Angebot persönlich erstellt.«
> - »Es war mir ein persönliches Anliegen, Ihre geschätzte Anfrage individuell zu bearbeiten.«

Der heiße Stuhl
Zur Stärkung Ihrer Überzeugungskraft kenne ich eine hilfreiche Übung, die viel Spaß macht, aber auch herausfordernd ist: »Der heiße Stuhl«. Eine Übung, bei der Sie für ein Thema argumentieren (»pro«), während andere Teilnehmer oder Kollegen um Sie herum gezielte Fragen stellen. Auf ein Zeichen ändern Sie Ihre Argumentation in die Contra-Position. Dies führen Sie mehrmals im Wechsel durch. Versuchen Sie es einmal. Es ist eine hervorragende Schulung der persönlichen Kommunikation, Rhetorik, Argumentation und Reaktion. Flexibilität und Improvisationsgabe werden dabei gefordert. Die Qualität Ihrer Kommunikation, Improvisation und Argumentation lässt sich durch diese Übung verbessern.

21 Das Problem mit der Kritikfähigkeit

Oder: »Wissen Sie was, ich mag Sie nicht. – Sagen Sie nicht ›Ich mag Sie nicht‹, das hat keine Schlagkraft. Sagen Sie, ›Sie haben nichts an sich, was man mögen könnte‹.« (Christoph Maria Herbst in dem Film »Contra«)
Wir alle sind kritikfähig, dankbar und offen für jeden Hinweis, jede Korrektur und natürlich für »nur gut gemeinte« Ratschläge. Sie hören bereits an meinem ironischen Ton, dass dem eben nicht so ist, zumindest in der Mehrheit der Fälle. Wir halten einen Vortrag, ernten Applaus. Wir haben ein Projekt gemeistert und nehmen nun voller Stolz die Anerkennung entgegen. Schon in der Schule haben wir uns gemeldet, und wenn es richtig war, bekamen wir ein »Sehr gut«. Menschen entwickeln Innovationen und freuen sich, wenn ihre Erfindung ankommt, wenn sie bestätigt werden. Ein »Gut gemacht!« bewirkt wahre Motivationsschübe und ein »Was ist das denn?« erschüttert uns innerlich.

Natürlich würden die meisten von Ihnen dies niemals thematisieren, denn wir stehen ja mit beiden Beinen mitten im Leben, sind stets sach- und businessorientiert und stehen natürlich über den Dingen. Kritik zu üben ist gut: Die Kritisierenden sind es oftmals nicht. Kritik kann beflügeln, sie kann aber auch verletzen. Hinzu kommt ein sehr deutsches Phänomen, dass mir einmal ein bekannter Top-Speaker erklärt hat. Ich möchte Ihnen seine Worte nicht vorenthalten.

Er sagte: »Die Deutschen sind Weltmeister im Verbessern, aber sie sind Amateure im Selbermachen.« Er führte weiter aus: »Wenn ich einen Deutschen bitte, einen Text zu schreiben, so tut er sich in der Regel unheimlich schwer damit. Er sucht händeringend nach den richtigen Worten und passenden Formulierungen. Wenn ich einem Deutschen einen geschriebenen Text vorlege, so fällt es ihm dagegen sehr viel leichter, den Inhalt zu korrigieren. Er findet Ungereimtheiten und Fehler, wo manchmal keine sind, und drückt diesen Text somit seinen ganz persönlichen Stempel auf.«

Ob dies ein rein deutsches Phänomen ist, wage ich zu bezweifeln, aber einiges spricht dafür. Es ist nicht von der Hand zu weisen, und wenn ich ganz ehrlich bin, habe ich mich auch schon einmal dabei erwischt. Sie auch?

Kritik ist dann wertvoll, wenn sie ehrlich gemeint und wertschätzend formuliert ist. Wer also gleich losdonnert und erst einmal verbal auf sein Gegenüber mit harter Kritik »einschlägt«, wer im letzten Satz dann mit einem »aber ansonsten war es ganz gut« versucht, noch die Kurve zur »konstruktiven Kritik« zu erwischen, ist bereits aus selbiger rausgeflogen. Deshalb sollte jede Kritik mit positiven Aspekten beginnen, um dann mit Ergänzungen, Vorschläge oder Ideen zu enden.

Im Jahre 2010 hat die *Welt* in dem Artikel »Wie Kritik positiv wirken kann, statt zu verletzen« dieses Thema aufgegriffen.[15] Ich zitiere wörtlich: »Zu meckern gibt es immer was. Auch am Arbeitsplatz. Doch nur wenn Kritik angemessen formuliert wird, ist sie sinnvoll.« Dem kann ich nur zustimmen. Kritik ja, aber angemessen und wertschätzend formuliert. Weiter heißt es: »Kritik hört niemand gern. Aber manchmal ist sie unvermeidbar, wenn etwas schiefläuft. Dann kommt es darauf an, sie geschickt und wenig verletzend zu formulieren. Wenn Kritik gut funktioniert, bringt sie einen weiter – sie kann aber auch komplett danebengehen.«

Fazit: Kritik ist, wenn man sie richtig vorbringt, eine sehr gute Hilfe, um etwas zu optimieren oder neu zu überdenken und zu praktizieren.

Wenn Kritik als Lob daherkommt
Nun gibt es echte Wortvirtuosen, die Kritik üben, sie aber in Lob und Anerkennung verpacken. Solche Menschen sind sehr gefährlich und meinen es in den seltensten Fällen auch wirklich so positiv, wie sie es formuliert haben. Lassen Sie mich diese Personen entlarven und Sie etwas sensibilisieren, solche Menschen zu erkennen und deren »Lob« entsprechend einzuordnen. Die folgenden Sätze kommen als Lob und Anerkennung daher, hinter ihnen verbirgt sich aber häufig eine negative Kritik. Sie scheinen eindeutig formuliert zu sein, sind aber in der Regel zweideutig gemeint, wie die folgende Sammlung vergifteter Lobesworte zeigt:

Vergiftetes Lob[16]

»Das hatte schon sehr viel Schönes ...«

... aber nichts, was mir gefiel oder mich überzeugt hat.

»Grundsätzlich stimme ich Dir zu ...«

... aber ich denke komplett anders als Du.

»Du bist sehr intensiv auf den Punkt ... eingegangen ...«

... aber nicht auf das Wesentliche oder auf das, was ich erwartet habe.

»Im Großen und Ganzen hat es mir gut gefallen ...«

... aber im Detail nicht.

»Bis hierhin erst einmal vielen Dank ...«

... Stopp, aufhören und bitte nicht weiter.

»Ich hatte es mir anders vorgestellt, aber das war sehr interessant für mich ...«

... Thema verfehlt.

»Eine interessante Sichtweise ...«

... aber nicht meine.

---

15 Quelle: https://www.welt.de/wirtschaft/karriere/article8862845/Wie-Kritik-positiv-wirken-kann-statt-zu-verletzen.html.
16 Quelle: https://www.welt.de/wirtschaft/karriere/article8862845/Wie-Kritik-positiv-wirken-kann-statt-zu-verletzen.html.

»Für den Anfang ganz gut …«
… einen weiteren Versuch wird es jedoch nicht geben.
»Sie haben ja noch Ihr ganzes Leben vor sich …«
… bitte suchen Sie sich etwas anderes.
»Schön, dass Sie schon einmal damit begonnen haben …«
… schade, dass nichts daraus geworden ist.

Kritik zu formulieren ist eine wichtige Fähigkeit für viele Lebensbereiche, sei es am Arbeitsplatz, in der Schule oder in persönlichen Beziehungen. Dabei ist es jedoch ebenso wichtig, dass die Kritik auf eine positive Art und Weise formuliert wird, um sicherzustellen, dass sie konstruktiv ist und zu einer Verbesserung führt. Hier sind fünf wichtige Punkte, die Ihnen helfen, Kritik positiv zu formulieren:

1. **Wählen Sie den richtigen Zeitpunkt und Ort:** Es ist wesentlich, die Kritik in einer angemessenen Umgebung zu äußern, in der der Empfänger bereit und in der Lage ist, uneingeschränkt zuzuhören und konstruktiv zu reagieren. Vermeiden Sie es, die Kritik in der Öffentlichkeit oder in einer stressigen Situation zu äußern.
2. **Benutzen Sie Ich-Aussagen:** Bei Kritik, die mit »Du musst …« oder »Du hast …« formuliert wird, fühlen wir uns schnell persönlich angegriffen. Verwenden Sie stattdessen Ich-Aussagen, um Ihre Gefühle und Meinungen zu äußern, ohne den Empfänger zu attackieren. Beispiel: »Ich fühle mich unwohl, wenn du meine Arbeit ohne meine Zustimmung veränderst.«
3. **Seien Sie konkret:** Versuchen Sie, spezifische Beispiele zu geben, die die Kritik unterstützen und dem Empfänger helfen, das Problem zu verstehen. Vermeiden Sie es unbedingt, vage oder abstrakte Aussagen zu machen, die unklar oder schwer zu verstehen sind.
4. **Geben Sie konstruktives Feedback:** Kritik sollte nicht nur negative Aspekte enthalten, sondern auch konstruktive Lösungs- oder Verbesserungsvorschläge. Bieten Sie dem Empfänger Möglichkeiten an, das Problem zu beheben oder sich zu verbessern.
5. **Bleiben Sie respektvoll:** Auch wenn Sie Kritik äußern, ist es wichtig, respektvoll zu bleiben und die Gefühle des Empfängers zu berücksichtigen. Vermeiden Sie es, beleidigend oder abwertend zu sein, und konzentrieren Sie sich stattdessen darauf, konstruktiv und hilfreich zu sein.

Mein Fazit

Es ist wertvoll, Kritik auf eine positive Art und Weise zu formulieren und sie zum richtigen Zeitpunkt und an einem passenden Ort vorzubringen. Die Kritik soll Ich-Aussagen enthalten, konkret sein, ein konstruktives Feedback darstellen und immer respektvoll bleiben. Auf diese Weise stellen Sie sicher, dass die Kritik unterstützend und nicht bestrafend ist und dem Empfänger dabei hilft, das Gesagte zu verinnerlichen und sich zu verbessern.

22 Gönnen können und andere Herausforderungen

Oder: »Wir mögen's keinem gerne gönnen, dass er was kann, was wir nicht können.« (Wilhelm Busch)
Die Gabe und das Vermögen, einem anderen etwas zu gönnen, ist nicht nur ein Ausdruck von Großzügigkeit, sondern auch ein essenzielles Element für eine erfüllende zwischenmenschliche Interaktion. »Gönnen können« hat eine immense Bedeutung für die Kommunikation, da sie das Fundament für eine gesunde Beziehung, sei es persönlich oder im Geschäftsleben, bildet.

In unserer heutigen Gesellschaft, die von Konkurrenz und Leistungsdruck geprägt ist, ist es von entscheidender Wichtigkeit, das Konzept des »Gönnens« zu verstehen und zu praktizieren. Es geht nicht nur darum, anderen den Erfolg zu gönnen, sondern auch darum, eine Kultur des Wohlwollens und der Zusammenarbeit zu fördern. Neid ist hier definitiv fehl am Platze und vergiftet jede gesunde Kommunikation.

Warum ist es so wichtig, dem anderen etwas zu gönnen? Die Fähigkeit, anderen Erfolge, Glück oder Anerkennung zu gönnen, zeigt eine reife und empathische Geisteshaltung. Sie ermöglicht uns, uns von Neid und Missgunst zu befreien, was wiederum unsere eigene Zufriedenheit und geistige Gesundheit fördert. Studien zeigen, dass Menschen, die anderen etwas gönnen können, ein höheres Maß an psychischem Wohlbefinden und Lebenszufriedenheit aufweisen.

Insbesondere in der Geschäftswelt ist das »Gönnen können« ein nicht zu unterschätzender Faktor für den Erfolg. Es schafft eine positive Arbeitsumgebung, in der Kolleginnen und Kollegen einander unterstützen und gemeinsam nach Lösungen suchen, anstatt sich in einem ständigen Konkurrenzkampf aufzureiben. Organisationen, die eine Kultur des Gönnens pflegen, haben oft engagierte und motivierte Mitarbeiterinnen und Mitarbeiter, die bereit sind, die »Extrameile« zu gehen, um gemeinsame Ziele zu erreichen.

Im Business ist es erfolgsentscheidend, gerade in der heutigen Zeit, in der die Geschäftswelt sich stetig weiterentwickelt und zwischenmenschliche Beziehungen ein Schlüsselfaktor für den Erfolg sind, die Haltung des »Gönnen könnens« in die Geschäftskommunikation zu integrieren. Sie schafft Vertrauen, baut Beziehungen auf und fördert ein Klima des Respekts und der Zusammenarbeit.

Denn die wahre Schönheit des »Gönnens« liegt nicht nur in der Freude über den Erfolg anderer, sondern auch in der Erkenntnis, dass genug Erfolg und Glück für alle vorhanden ist. Indem wir anderen einen Erfolg gönnen, erweitern wir unsere eigene Perspektive und schaffen eine Welt, in der Wohlwollen und Erfolg Hand in Hand gehen.

Also lassen Sie uns nicht nur danach streben, erfolgreich zu sein, sondern auch anderen ihren Erfolg von Herzen zu gönnen. Lassen Sie uns eine Welt erschaffen, in der das »Gönnen können« nicht nur eine Phrase ist, sondern eine gelebte Realität, die uns alle zu besseren Menschen macht. Mit diesen Worten möchte ich Sie dazu ermutigen, das Konzept des »Gönnens« nicht nur als bloße Redewendung zu betrachten, sondern als eine lebensverändernde Haltung, die uns alle bereichert und einander näherbringt.

23 Wie negative Glaubenssätze unsere Kommunikation verzerren

Oder: »Unser Leben ist das, wozu unser Denken es macht.« (Marc Aurel)
In unserer Kommunikation sind negative Glaubenssätze weit verbreitet. Ich kann gar nicht sagen, wie oft mir genau dieses Thema in meinem Leben als Coach und Berater begegnet ist. Das Interessante daran: Das psychologische Phänomen, um das es in diesem Kapitel geht, macht weder vor den Vorstandsetagen noch vor irgendwelchen Hierarchien und Sozialebenen halt. Es ist ein so präsentes Thema, das sich durch alle Schichten unserer Gesellschaft zieht.

> **Die Macht der negativen Glaubenssätze**
>
> Laut dem Motivationsforscher Les Brown sind nicht weniger als 87 % unserer Selbstgespräche negativ.[17] Die Macht der negativen Glaubenssätze und (stillen) Selbstgespräche sind in unserer Kommunikation und in unserem täglichen Leben von immenser Bedeutung. Als Kommunikationsexperte habe ich intensiv überprüft, warum wir diese negativen Gedanken hegen und wie sie unsere Interaktionen beeinflussen.

Negative Glaubenssätze wurzeln oft in vergangenen Erfahrungen, Erziehung oder gesellschaftlichen Einflüssen. Sie sind wie fest verankerte Überzeugungen, die unser Denken und Handeln beeinflussen. Unsere inneren Selbstgespräche, die aus diesen Glaubenssätzen entstehen, haben einen direkten und oft verzerrenden Einfluss auf unsere Kommunikation. Sie formen nicht nur unsere Wahrnehmung von uns selbst, sondern beeinflussen auch unsere Interaktionen mit anderen Menschen. Wenn wir uns selbst mit negativen Gedanken überfluten, tendieren wir dazu, uns in zwischenmenschlichen Situationen negativ zu äußern oder uns auch dort zurückzuhalten, wo es gar nicht angebracht ist. Dies kann zu Misserfolgen, geringem Selbstwertgefühl und zwischenmenschlichen Konflikten führen.

Es gibt verschiedene Arten von negativen Glaubenssätzen, wie etwa die Überzeugung, nicht gut genug zu sein, Perfektionismus oder die Angst vor Ablehnung. Diese psychischen Phänomene beeinflussen unsere Kommunikation, indem sie unsere Sprache, aber auch unsere Körpersprache und unseren Tonfall prägen. Die Auswirkungen sind oft subtil, aber sie können unsere Beziehungen, Karrieremöglichkeiten und sogar unsere geistige Gesundheit stark beeinträchtigen.

---

17 Quelle: »Ja aber... 40 ätzende Killerargumente und die besten Antworten darauf« von Charles ›Chic‹ Thompson und Lael Lyons. München: Droemer Knaur 1995.

Dem entgegenzuwirken erfordert bewusste Anstrengungen und Selbstreflexion. Ein erster Schritt besteht darin, sich der eigenen negativen Glaubenssätze bewusst zu werden und sie zu hinterfragen. Eine positive Selbstführung und Achtsamkeit sind Schlüsselfaktoren, um negative Gedankenmuster zu durchbrechen. Die Veränderung dieser Überzeugungen erfordert Zeit und kontinuierliche Arbeit an der eigenen mentalen Einstellung. Durch positive Affirmationen, Selbstmitgefühl und ein soziales Umfeld mit unterstützenden und positiven Menschen kann eine Veränderung herbeigeführt werden.

Diese Botschaft ist mir wichtig: Ich habe zahlreiche Studien und Fallbeispiele analysiert, die zeigen, wie die Transformation von negativen Glaubenssätzen zu einem erfüllteren Leben und einer bereichernden Kommunikation führen kann. Es ist möglich, die Kraft der Gedanken zu nutzen, um unsere Kommunikation zu verbessern und die Beziehungen zu anderen sowie zu uns selbst zu stärken. Mein Wunsch ist es, Menschen zu ermutigen, ihre Denkmuster zu hinterfragen und eine positivere, erfülltere Art der Kommunikation zu entwickeln und zu aufrechtzuerhalten, die zu persönlichem Wachstum und erfolgreichen Beziehungen führt.

Zur Erläuterung und zum besseren Verständnis erlaube ich mir, Ihnen fünf typische Beispiele für negative Glaubenssätze aus dem alltäglichen Business zu nennen.

Negative Glaubenssätze im Business – Fünf Beispiele

1. »Ich bin nicht gut genug, um diese Beförderung zu bekommen.«
2. »Ich habe kein Talent für Networking, also werde ich nie erfolgreich sein.«
3. »Geld ist die Wurzel allen Übels, deshalb sollte ich mich nicht darauf konzentrieren, Profit zu machen.«
4. »Ich kann es mir nicht leisten, Risiken einzugehen, also werde ich niemals ein Unternehmer werden.«
5. »Ich bin zu alt/jung, um in diesem Bereich erfolgreich zu sein.«

Wenn es um das Thema »negative Glaubenssätze« geht, werde ich von meinen Seminarteilnehmern und Klienten immer wieder gefragt, ob und wie man diese »abtrainieren« kann. Lesen Sie hierzu meine Top-3-Empfehlungen.

Wie man sich negative Glaubenssätze abtrainieren kann

1. **Schaffen Sie Bewusstsein:** Identifizieren Sie Ihre negativen Glaubenssätze und reflektieren Sie auf den Ort und die Umstände ihrer Entstehung. Sind es Erfahrungen aus der biografischen Vergangenheit oder externe Einflüsse? Bewusstsein und bewusst machen sind der erste Schritt zur Veränderung.
2. **Positive Affirmationen und Visualisierungen:** Ersetzen Sie negative Glaubenssätze durch positive Affirmationen. Visualisieren Sie sich selbst erfolgreich, stellen Sie sich vor, wie Sie Ihre Ziele erreichen, und wiederholen Sie diese Gedanken regelmäßig. Durch

> Wiederholung können Sie neue positive Glaubenssätze in Ihr Unterbewusstsein integrieren. Übung macht eben den Meister und Sie sicherer.
> 3. **Gestalten Sie Ihre Umgebung:** Umgeben Sie sich mit positiven und unterstützenden Menschen, die an Sie glauben und Sie ermutigen. Vermeiden Sie es, Zeit mit Personen zu verbringen, die Ihre negativen Glaubenssätze verstärken. Ein unterstützendes Umfeld kann enorm dabei helfen, negative Glaubenssätze zu überwinden und erfolgreich zu werden.
>
> Ich habe damals zu meinen guten Freunden immer gesagt: »Wenn ihr meine Idee gut findet, dann sagt es mir. Wenn Ihr Zweifel habt oder sie mir ausreden wollt, dann sagt bitte nichts.« Das hat bei mir immer recht gut funktioniert.

Mit diesen Schritten können Sie die Macht Ihrer Gedanken nutzen, um Ihr volles Potenzial im Business zu entfalten und Ihre Ziele zu erreichen. Probieren Sie es gern aus.

24 Wirkungsvolle Kommunikation in Business-Netzwerken

Oder: »Vertrauen wird dadurch erschöpft, dass es in Anspruch genommen wird.« (Bertolt Brecht)

Sie kennen das: Sie sind auf Seiten wie XING oder LinkedIn und recherchieren dort nach einer interessanten Person. Ihr Ziel ist es, eine Kontaktanfrage zu stellen, um sich nach der Bestätigung mit ihr auszutauschen und sie und gegebenenfalls ihr Unternehmen kennenzulernen. Ein ganz normaler Vorgang, der auch mit dem Begriff »Leads-Generierung« bezeichnet wird. Die Idee ist sehr gut und für solche Zwecke sind diese Plattformen auch gemacht. XING kreierte vor vielen Jahren sogar den motivierenden Satz: »Come together wherever you are.« Die Chance, dass Ihr Kontaktwunsch bestätigt wird, steht auch gar nicht so schlecht und nach kurzer Wartezeit werden Sie über die Bestätigung Ihres Gegenübers informiert. So weit so gut, ein erster Schritt ist gemacht.

Nun gilt es, zeitnah den zweiten, wesentlich schwereren Schritt zu gehen, nämlich einen persönlichen Austausch mit Ihrem neuen Kontakt zu vereinbaren. Sie können den Hörer in die Hand nehmen und direkt einen Termin vereinbaren. Oder Sie schreiben Ihrem Kontakt und schlagen diesem einen Termin vor. Bis dahin läuft alles nach Plan. Ihre Idee geht auf und dem Gespräch steht eigentlich nichts mehr im Wege.

Doch nun folgt der Idee die Realität. Denn leider müssen Sie nicht selten feststellen, dass Ihre Nachricht nicht erwidert wurde. Warum dies so ist, was Ihre Kontakte denken und wie Sie erfolgreicher vorgehen können, das erfahren Sie auf den folgenden Seiten.

Die digitale Vernetzung über Plattformen wie LinkedIn und XING hat zweifellos die Art und Weise verändert, wie berufliche Kontakte geknüpft werden. Dennoch erleben viele Menschen Frustration, wenn ihre Bemühungen, eine tiefere Verbindung herzustellen, auf taube Ohren und offensichtlich wenig Gegenliebe stoßen. Die Gründe für die fehlende Reaktion auf Kontaktanfragen bzw. Kontaktnachrichten habe ich untersucht und möchte Ihnen nun bewährte, professionelle Tipps anbieten, um eine effektive Kommunikation in beruflichen Netzwerken zu fördern.

Warum werden Kontaktanfragen nicht beantwortet?
Was können die Gründe für eine fehlende Reaktion auf Kontaktanfragen sein?
1. **Informationsüberflutung:** In der heutigen Zeit werden wir von einer Flut an Nachrichten und Anfragen überwältigt. Durch den beruflichen, oftmals sehr hektischen Alltag fällt es daher schwer, zwischen relevanten und weniger relevanten Kontak-

ten zu unterscheiden. Sie sind natürlich nicht irgendein Kontakt, jedoch liegt dies stets im Auge des Betrachters. Was für Sie eine sehr gute Idee ist und Ihr Gegenüber unbedingt interessieren »muss«, hat für Ihren Kontakt aktuell vielleicht keine Priorität.

2. **Mangelnde Zeitressourcen:** Berufstätige Menschen sind oft zeitlich stark beansprucht, da sage ich Ihnen sicherlich nichts Neues. Die Bearbeitung von Nachrichten in beruflichen Netzwerken kann in vielen Fällen aufgrund anderer Prioritäten hintanstehen. Wir alle kennen dass, wenn plötzlich jemand gerade in dem Moment etwas von uns möchte, in dem bei uns, wie man so schön sagt, »Land unter« ist. Was tun wir meistens? Wir reagieren nicht oder wenn, dann schreiben wir eine kurze, meist nicht besonders höfliche Nachricht mit dem Inhalt, dass es momentan ungünstig sei und man wieder auf die Person zukomme oder sie sich nochmals nächste Woche melden solle.

3. **Fehlende Relevanz:** Hier geht es schon ein wenig mehr ans »Eingemachte«. Denn wenn Ihre Nachrichten nicht klar und präzise sind, weil sie zu allgemein formuliert wurden oder nicht auf die Interessen und aktuellen Themen des Kontakts eingehen, werden diese oftmals nicht als relevant wahrgenommen und daher ignoriert.

Dies waren einige Beispiele, warum Ihr Kontaktwunsch ungehört und der Termin unbestätigt bleibt. Nun könnten Sie sich damit abfinden, nach dem Motto »Dann ist das halt so« oder Sie können versuchen, doch noch zu Ihrem Business-Gespräch zu kommen.

Meine Empfehlung

Bevor Sie einen Kontakt aus Wut, Enttäuschung oder Unverständnis wieder löschen, stellen Sie sich drei unterstützende Fragen, die sich unter einer alles entscheidenden Dachfrage versammeln:

»**Was hat mein Gegenüber davon, sich mit mir auszutauschen?**«
1. Habe ich den richtigen Gesprächspartner gewählt?
2. Habe ich meinen Kontakt neugierig gemacht und sein Interesse geweckt?
3. Habe ich die Nachricht höflich und professionell formuliert und einige wichtige inhaltliche Punkte eingebracht?

Sicherlich gibt es noch weitere spannende und klärende Fragen, jedoch habe ich fast jedes Mal erlebt, dass mindestens eine dieser genannten Fragen zur »Stolperfalle« für den Kontaktsuchenden war. Also lassen Sie uns diese Fragen einmal der Reihe nach beleuchten.

1. Habe ich den richtigen Gesprächspartner gewählt?
Hier empfehle ich sicherzustellen, dass die Person, mit der Sie Kontakt aufnehmen möchten, tatsächlich für Ihr berufliches Netzwerk oder Ihre Interessen relevant ist. Denn ein gezieltes Netzwerken mit den richtigen Kontakten ist entscheidend.

2. Habe ich meinen Kontakt neugierig gemacht und sein Interesse geweckt?

Ihre erste Nachricht sollte stets fesselnd und relevant sein. Wecken Sie Interesse, indem Sie kurz und prägnant beschreiben, wer Sie sind und warum eine Verbindung für beide Seiten vorteilhaft sein könnte. Vermeiden Sie dabei unbedingt die Verwendung allgemeiner Floskeln.

Einen besonderen Tipp möchte ich Ihnen in diesem Zusammenhang noch mit auf den Weg geben: Fallen Sie nicht gleich mit der Tür ins Haus. Wenn Sie einen Kontakt oder Interessenten gewinnen möchten, weil Sie ihm gerne etwas verkaufen wollen, so kann ich Ihnen nur empfehlen, nicht gleich mit dem »Superangebot« zu kommen, auf das Ihr Gegenüber angeblich nur gewartet hat. Das zieht heute nicht mehr, sondern stößt ab. Schauen Sie doch einmal, wie viele Nachrichten Sie über die Social-Media-Plattformen jeden Tag erhalten. In den meisten möchte man Ihnen etwas verkaufen. Das ist absolut legitim, jedoch möchte ich Sie an einen Merksatz erinnern, den wir sicherlich alle als Kinder von unseren Eltern gehört haben: »Nimm nichts von Fremden an!« Dieser Satz ist heute noch in unseren Köpfen präsent, hinzu kommt das »gesunde Misstrauen«.

Mir ist es wichtig, Vertrauen aufzubauen, meinen Interessenten und späteren Kunden kennenzulernen und selbstverständlich ihm auch die Möglichkeit zu geben, mich kennenzulernen. Ich finde das eine sehr seriöse Vorgehensweise. Sie ist wertschätzend und respektvoll.

Viele meiner (späteren) Kunden haben mir mitgeteilt, dass Sie genau aus diesem Grunde das Gespräch mit mir terminiert und geführt haben. »Wir hatten das Gefühl, dass es Ihnen um uns und nicht nur um das reine Verkaufen geht.« Das ist richtig, denn langjährige, feste Kundenbeziehungen mit hoher Weiterempfehlungsquote baut man meiner Meinung nach genauso auf. Die alten, forcierten Sätze aus Verkaufstrainings, wie »Wann haben Sie denn einmal Zeit für mich, heute Nachmittag oder morgen Vormittag?«, ziehen heute nicht mehr.

Eine meiner erfolgreichsten Kontaktnachrichten möchte ich gerne mit Ihnen teilen. Mit dieser Formulierung habe ich den meisten Zuspruch erhalten und wertvolle neue Kunden gewonnen. Der Text ist kein »Verkaufstext«, sondern eine persönliche, wertschätzende Bitte um ein Gespräch. Entscheiden Sie gern selbst.

Formulierungsbeispiel für eine Kontaktanfrage

Lieber Herr Meier,

jetzt nutze ich einmal unseren Kontakt und melde mich auf die von Ihnen aktuell ausgeschriebene Position der/des ...

Sicher kennen Sie uns. Unser Unternehmen steht für Präzisionsarbeit, Verbindlichkeit und für eine sehr hohe Qualität.

> *Sehr gerne würde ich mich mit Ihnen einmal austauschen, denn gerade zu dieser Position haben wir aktuell eine hervorragende, sehr erfahrene Kandidatin, mit der sich ein Gespräch allemal lohnt. Ich möchte Sie selbstverständlich nicht überreden, uns einmal zu beauftragen, aber ich möchte Sie dafür begeistern.*
>
> *Auf Ihre Entscheidung freue ich mich sehr und stehe jederzeit für ein Gespräch zur Verfügung. Gern lade ich Sie zu uns ein oder komme persönlich zu Ihnen oder wir nutzen alternativ einen Teams-Call.*
>
> *Unsere Gespräche sind nicht unverbindlich, jedoch kostenfrei.*
>
> *Herzliche Grüße*

Ich hatte dieser Person kurz zuvor eine Kontaktanfrage gestellt und kurz danach gesehen, dass eine spannende Stelle zu besetzen ist. Ich würde mich freuen, wenn ich Sie mit diesem Beispiel für eine professionelle Kontaktanbahnung inspirieren konnte und Sie bereits Ideen für Ihren ganz eigenen Text haben. Ich wünsche ihnen viel Erfolg und gutes Gelingen.

3. Habe ich die Nachricht höflich und professionell formuliert und einige wichtige Punkte eingebracht?

Achten Sie bitte darauf, dass Ihre Nachricht professionell und höflich formuliert ist. Vermeiden Sie Floskeln, die unpersönlich wirken, und setzen Sie stattdessen auf eine klare, authentische und vor allem verbindliche Ausdrucksweise.

Und nun zu den wichtigen Punkten:
1. Individualisieren Sie Ihre Nachricht, indem Sie sich auf spezifische Aspekte aus dem Profil Ihres Kontakts beziehen. Zeigen Sie, dass Sie sich mit seiner Arbeit oder seinen Interessen auseinandergesetzt haben. Dies zeigt Respekt und Engagement zugleich. Auf diese Weise heben Sie sich angenehm von denjenigen ab, die jeden Tag Massennachrichten versenden.
2. Denken Sie daran, dass die Qualität Ihrer Kontaktaufnahme oft wichtiger ist als die Quantität. Eine persönliche und maßgeschneiderte Nachricht hinterlässt einen nachhaltigeren Eindruck und erhöht die Wahrscheinlichkeit einer positiven Antwort. In der Kunst des Netzwerkens geht es nicht nur darum, wen Sie kennen, sondern auch darum, wie Sie sich vorstellen und präsentieren.

In diesem Zusammenhang möchte ich Ihnen weitere bewährte Tipps für eine effektive Kommunikation mit auf Ihren Weg zu geben:
1. **Die individuelle Ansprache**: Personalisieren Sie Ihre Nachrichten. Vermeiden Sie allgemeine Floskeln und gehen Sie auf spezifische Punkte im Profil des Kontakts ein. Zeigen Sie, dass Sie sich mit der Arbeit und den Interessen Ihres Gesprächspartners auseinandergesetzt haben.
2. **Die klaren Botschaften**: Formulieren Sie Ihre Nachrichten kurz, prägnant und klar. Vermeiden Sie es, zu lange Botschaften zu verfassen, die den Leser überfordern oder gar langweilen könnten. Konzentrieren Sie sich auf den Mehrwert, den Sie bieten oder suchen.

3. **Ihr Angebot eines klaren Nutzens:** Zeigen Sie in Ihren Nachrichten auf, wie eine Zusammenarbeit oder ein Austausch für beide Seiten von Vorteil sein kann. Betonen Sie den Nutzen und den Mehrwert, den der Kontakt aus der Interaktion ziehen könnte.
4. **Folgen Sie einer (Ihrer) Strategie:** Versuchen Sie, Ihre Nachrichtenstrategie zu variieren. Beginnen Sie mit einer freundlichen Vorstellung, stellen Sie dann mögliche Gemeinsamkeiten heraus und schlagen Sie schließlich konkrete Schritte wie einen Call oder ein persönliches Treffen vor.
5. **Das (Ihr) Timing beachten:** Senden Sie Nachrichten an Wochentagen und zu Tageszeiten, bei denen die Wahrscheinlichkeit größer ist, dass der Empfänger sie liest. Dies könnte beispielsweise außerhalb der Stoßzeiten während des Arbeitstags sein. Vielleicht frühmorgens oder am späten Nachmittag. Denn eine meiner »goldenen Regeln« lautet:

»Individuelle Anliegen bedürfen einer individuellen Nachricht an eine individuelle Person zu individuellen Zeiten.«

Warum ist eine erfolgreiche Kontaktaufnahme in der heutigen Zeit so schwierig? Dafür gibt es viele Gründe. Einige der meiner Meinung nach wesentlichen Gründe führe ich hier auf:

- **Digitale Überlastung:** Die ständige Präsenz in digitalen Netzwerken kann zu einer Art von Ermüdung führen. Menschen sind dann nicht selten zurückhaltend und lassen sich deswegen nicht auf weitere digitale Interaktionen ein.
- **Ein Vertrauensaufbau benötigt Zeit:** Vertrauen ist ein entscheidender Faktor für erfolgreiche berufliche Beziehungen. In unserer schnelllebigen digitalen Welt kann es jedoch Zeit und regelmäßige Interaktionen erfordern, um dieses Vertrauen aufzubauen.
- **Der Mangel an persönlichem Kontakt:** Digitale Kommunikation kann den persönlichen Kontakt nicht vollständig ersetzen. Manche Menschen bevorzugen immer noch den persönlichen, direkten Austausch *face to face* und könnten deshalb zurückhaltend sein, sich auf rein digitale Beziehungen einzulassen.

Mein Fazit

In einer Zeit, in der die digitale Vernetzung den Ton angibt, ist es von entscheidender Bedeutung für eine erfolgreiche Kommunikation, klug und gezielt vorzugehen. Die hier genannten Empfehlungen sollen Ihnen helfen, sich von der Masse abzuheben und trotz der Herausforderungen der modernen Kommunikation in beruflichen Netzwerken effektive Beziehungen aufzubauen. Denken Sie daran, dass Geduld und Ausdauer ebenso wichtig sind wie kluge Strategien, um langfristige und bedeutungsvolle Verbindungen zu schaffen. Denn wie heißt es so treffend: »Rom wurde auch nicht an einem Tag erbaut.«

25 Wenn mein Gesprächspartner Worthülsen und leere Phrasen gebraucht

Oder: »Sage nie: Dann soll's geschehen! Öffne dir ein Hinterpförtchen durch ›Vielleicht‹, das nette Wörtchen, oder sag: ›Ich will mal sehen!‹« (Wilhelm Busch)
In Kapitel 9 haben Sie die **4 Vs** der ehrlichen und verbindlichen Kommunikation kennengelernt. Ehrliche Kommunikation ist mein Hauptanliegen und der Grund, weshalb ich dieses Buch geschrieben habe. Sie hat eine große Bedeutung im täglichen Miteinander. Auch wenn mir darin wohl jeder zustimmen würde, erleben wir tagtäglich Unwahrheiten, Ausreden, Lügen, Erfindungen, Gaunereien und mehr. Sie, liebe Leserinnen und Leser, gehören selbstverständlich nicht zur Gattung der »Mendax«, also der Lügner. Aber sicherlich begegnen Ihnen auch nahezu überall diese Typen. Das Interessante daran ist, sie handeln vorsätzlich und wider besseren Wissen. Das bedeutet, sie betrügen Sie bewusst und mit voller Absicht. Zumindest in den allermeisten Fällen. Denn die Notlüge wollen wir einmal nicht überbewerten. Sie ist auch nicht Inhalt dieses Kapitels.

Wortvirtuosen, diese Bezeichnung ist in diesem Fall keine Ehre, sondern eher eine abwertende Charakterisierung, finden wir sehr häufig in Kreisen, in denen Aussagen nicht selten wortwörtlich genommen und, wie man so schön sagt, »auf die Goldwaage« gelegt werden. In einer Berufsgruppe trifft man Wortvirtuosen, die so sehr in den Klang der eigenen Stimmer verliebt sind und sich wenig darum scheren, was andere von Ihnen denken, besonders häufig. Es ist die Gruppe der Politiker. Meist die der führenden Politiker mit weitreichenden und verantwortungsvollen Ämtern.

25 Wenn mein Gesprächspartner Worthülsen und leere Phrasen gebraucht | 137

»Spiele im Takte. Das Spiel mancher Virtuosen ist wie der Gang eines Betrunkenen. Solche nimm dir nicht zum Muster.« (Robert Schumann)

Selbstverständlich ist nicht jeder Politiker ein Mensch, der es mit der Wahrheit nicht so ernst nimmt. Ich kenne einige, denen die Bürger wichtig sind und die ihre Kraft zum Wohle des Volkes (wie es so schön heißt) einsetzen. Deswegen möchte ich nicht alle Politiker über einen Kamm scheren und habe großen Respekt vor denen, die ihr Amt sinnvoll, ehrlich und bürgerorientiert ausführen.

Widmen wir uns nun wieder dem eigentlichen Thema, nämlich den Worthülsen und leeren Phrasen, die so entschieden klingen und so wenig Inhalt und Handlungsbezug haben. Wenn Sie in Ihrem Business auf eine Person treffen, die in leeren Worten, in Worthülsen spricht, dann sollten Sie versuchen, sie auf verbindliche Aussagen festzulegen, indem Sie ihr die bekannten W-Fragen stellen, also Fragen, die zum Beispiel mit Wieso, Weshalb, Warum, Wann, Wo und Wie beginnen.

Auf den folgenden Seiten habe ich einige typische Worthülsen und Phrasen zusammengestellt. Gern erkläre ich Ihnen die Bedeutung, die sie in Kommunikationssituationen haben, und was mit diesen Formulierungen zum Ausdruck kommt. Authentische Beispiele, die Sie sicherlich häufig gehört haben.

»Wir müssten ...«
In der heutigen Geschäftswelt ist eine effektive Kommunikation von entscheidender Bedeutung. Oftmals stoßen wir dabei auf bestimmte Phrasen, die subtile Unsicherheiten oder Zweifel ausdrücken können. Eine dieser Worthülsen, die häufig Verwendung findet, ist das »Wir müssten«. Werfen wir einen genaueren Blick auf die Hintergründe dieser Formulierung und fragen wir, mit welchen wirkungsvollen Strategien Sie darauf souverän und überzeugend reagieren können.

Lassen Sie uns die Bedeutung von »Wir müssten« analysieren. Die Aussage »Wir müssten« deutet oft darauf hin, dass die Person Unsicherheiten, Bedenken oder Zweifel hat. Es kann eine vorsichtige Art sein, Vorschläge zu unterbreiten, ohne jedoch dabei die volle Verantwortung zu übernehmen. Auch kann der Gebrauch dieser Phrase auf eine Unsicherheit in der Hierarchie oder im Team hinweisen. Es könnte bedeuten, dass die Person zögert, klare Entscheidungen zu treffen oder Verantwortung zu übernehmen.

Wie können Sie auf eine solche Aussagen souverän reagieren? Ganz einfach: Legen Sie eine klare Verantwortung fest. Gehen Sie nicht auf diese Phrase ein. Stattdessen lenken Sie die Diskussion auf klare Verantwortlichkeiten. Betonen Sie die Vorteile, wenn bestimmte Schritte unternommen werden, und weisen Sie konkrete Aufgaben zu.

Fördern Sie das Team-Empowerment. Stärken Sie das Teamgefühl, indem Sie betonen, dass jeder Beitrag geschätzt wird. Bitten Sie um konkrete Vorschläge und ermutigen Sie Teammitglieder, ihre Meinungen offen zu teilen.

Ganz wichtig: Bauen Sie Vertrauen auf und damit Unsicherheiten ab. Fördern Sie die offene Kommunikation. Schaffen Sie hierzu eine Atmosphäre der Offenheit, in der sich Teammitglieder frei äußern können. Betonen Sie, dass es keine falschen Ideen gibt und konstruktives Feedback entscheidend für den Erfolg ist.

In diesem Zusammenhang können Sie Unterstützung oder sogar ein Coaching anbieten. Damit können Sie Unsicherheiten abbauen. Als erfahrener Mentor könnten Sie dabei helfen, das Selbstvertrauen zu stärken und Entscheidungsprozesse zu verbessern.

Transformieren Sie die Unternehmenskultur und nehmen Sie Führungskräfte in die Pflicht. Sprechen Sie deutlich an, dass eine offene Unternehmenskultur bei der Führungsebene beginnt. Führungskräfte sollten also selbstbewusst agieren und Unsicherheiten proaktiv ansprechen.

Eine gute und bewährte Unterstützung wären zum Beispiel Teamtrainings und Workshops. Hier könnten Sie Schulungen organisieren, die genau darauf ausgerichtet sind, die Kommunikation und Zusammenarbeit im Team zu stärken. Fördern Sie den Austausch von Ideen und schaffen Sie Raum für konstruktives Feedback.

Mein Fazit

Mit diesen Strategien werden Sie nicht nur in der Lage sein, auf die Worthülse »Wir müssten« effektiv zu reagieren, sondern auch dazu beitragen, eine positive und konstruktive Kommunikationskultur in Ihrem beruflichen Umfeld zu etablieren. Erkennen Sie die Macht sowie den Wert Ihrer Worte und gestalten Sie eine erfolgreiche Karriere durch eine klare, offene und überzeugende Kommunikation. Ich wünsche Ihnen hierfür viel Erfolg und gutes Gelingen.

»Wir sollten ...«
In der Welt der Geschäftsverhandlungen und Führungsetagen ist die Wahl der Worte von entscheidender Bedeutung. Eine häufige Phrase, die oft als Worthülse wahrgenommen wird, lautet »Wir sollten«. Doch was steckt wirklich hinter diesen zwei unscheinbaren Worten? Und noch wichtiger: Wie können Sie geschickt darauf reagieren, um Ihre Ziele erfolgreich zu erreichen?

»Wir sollten« ist eine Formulierung, die oft als indirekter Vorschlag oder Wunsch getarnt ist. Der Sprecher drückt damit seine Idee aus, ohne direkt Verantwortung zu übernehmen. Diese vage Formulierung ermöglicht es, Meinungen zu äußern, ohne sich festzulegen. Es ist wichtig zu erkennen, dass diese Phrase oft Teil eines strategischen Kommunikationsansatzes sein kann.

Um angemessen zu reagieren und die Hintergründe zu ergründen, ist es entscheidend, die Motivation hinter dem »Wir sollten« zu verstehen. Handelt es sich um Unsicherheit, um einen Wunsch nach Konsens oder vielleicht sogar um eine implizierte Kritik? Nur wenn Sie die Absicht erkennen, können Sie gezielt darauf eingehen.

Also schaffen wir Klarheit. In der Kunst des erfolgreichen Führens und Verhandelns ist Klarheit der Schlüssel. Statt passiv auf »Wir sollten« zu reagieren, sollten Sie aktiv nachfragen. »Können Sie bitte konkretisieren, was Sie mit ›Wir sollten‹ meinen?« Dies schafft nicht nur Klarheit, sondern gibt Ihnen auch die Kontrolle über die Diskussion.

Werden Sie nie müde, dabei Ihre Eigenverantwortung zu betonen. Wenn die Aussage »Wir sollten« in einem Teamkontext fällt, ist es wichtig, die Verantwortung zu individualisieren. Lenken Sie die Diskussion in eine Richtung, die deutlich macht, wer für welche Aufgaben verantwortlich ist. Dies fördert eine transparente Arbeitskultur und verhindert, dass vage Formulierungen unklare Zuständigkeiten schaffen und Sie damit hinterher mehr Aufgaben oder gar Probleme haben als zuvor.

Handeln Sie proaktiv und regen Sie diese Handlungsweise an. Denn statt passiv auf Vorschläge zu reagieren, die in »Wir sollten« verpackt sind, ergreifen Sie die Initiative. Schlagen Sie konkrete Maßnahmen vor und zeigen Sie, dass Sie bereit sind, Verantwortung zu übernehmen. Dies stärkt nicht nur Ihre Position, sondern trägt auch zur effektiven Umsetzung von Ideen bei.

Mein Fazit

Die Fähigkeit, auf vage Formulierungen wie »Wir sollten« effektiv zu reagieren, ist ein Schlüsselelement für den Erfolg in der Geschäftswelt. Indem Sie Klarheit schaffen, Eigenverantwortung betonen und proaktiv handeln, werden Sie nicht nur Missverständnisse vermeiden, sondern unterstreichen auch Ihre Führungsqualitäten. In der Kunst einer klaren Kommunikation liegt stets der Schlüssel zu erfolgreichen Verhandlungen und zu einer dynamischen Karriere.

»Wir könnten ...«
In der dynamischen Welt des Berufslebens sind klare Kommunikation und zielgerichtete Interaktion entscheidend für den beruflichen Erfolg. Eine Phrase, die oft in Meetings oder Diskussionen zu hören ist, ist das scheinbar vage »Wir könnten«. Diese Wortwahl kann Unsicherheit oder Mangel an Verpflichtung signalisieren, was die Effektivität von Entscheidungen beeinträchtigen kann. Lassen Sie mich die wahre Bedeutung hinter dieser Worthülse enthüllen und Ihnen Strategien anbieten, wie Sie darauf reagieren können, um Klarheit und Verbindlichkeit zu fördern.

Auch hier gilt es, zuerst die Semantik von »Wir könnten« zu verstehen. Daher möchte ich gezielt auf die möglichen Gründe eingehen, warum Menschen die Formulierung »Wir könnten« wählen. Dabei könnte es sich um Unsicherheit handeln, gegebenenfalls um eine diplomatische Ausdrucksweise oder sogar um den Versuch, verschiedene Optionen zu präsentieren, ohne sich auf eine festzulegen. Auch hier ist das Verständnis dieser Dynamik der erste Schritt, um angemessen darauf zu reagieren.

Um klar zu kommunizieren, muss es auch in unserem Interesse sein, insgesamt eine klare und verbindliche Kommunikation zu fördern. Hier beleuchten wir sie durch gezielte Fragen, um das verborgene Potenzial hinter dem »Wir könnten« entfesseln zu können. Zeigen Sie auf, wie Sie den Gesprächspartner dazu ermutigen können, konkreter zu werden, und wie Sie aktiv dazu beitragen können, eine klare Richtung zu etablieren.

Handlungsorientierte, konkrete Strategien, um aus der scheinbaren Unverbindlichkeit von »Wir könnten« eine klare Entscheidung zu formen. Verwenden Sie hierzu die positive Sprache, setzen Sie klare Fristen und zeigen Sie effektive sowie effiziente Entscheidungswege auf.

Agieren Sie in Ihrer Rolle als Führungskraft auch als Vorbild. Denn Führungskräfte spielen eine entscheidende Rolle bei der Etablierung einer Kultur klarer Kommunikation. Hier erhalten Sie Einblicke, wie Führungskräfte mit dem »Wir könnten«-Dilemma umgehen können, um eine inspirierende und klare Vision für ihre Teams zu schaffen.

Mein Fazit

Neben der Analyse der häufig verwendeten Phrase »Wir könnten« geht es auch darum, Ihnen praktische Werkzeuge und Strategien an die Hand zu geben, um die Kommunikation im beruflichen Umfeld zu verbessern. Indem Sie die verborgenen Bedeutungen erkennen und gezielt darauf reagieren, können Sie eine positive Veränderung in Ihrer beruflichen Interaktion herbeiführen und so den Weg zu klaren Entscheidungen und erfolgreicher Zusammenarbeit ebnen.

»Wir wollten ...«
Nicht selten stoßen wir auf Floskeln, wie »Wir wollten«, die zwar scheinbar harmlos sind, jedoch eine tiefere Bedeutung haben. Nehmen wir das Phänomen »Wir wollten« genauer unter die Lupe. Verstehen wir seine Ursprünge und lernen, wie man darauf angemessen reagiert.

Natürlich ist es auch hier von großer Bedeutung, die Hintergründe von »Wir wollten« zu erforschen. Dann werden wir feststellen, dass diese Aussage eine Worthülse ist, die oft dann benutzt wird, wenn Dinge nicht wie geplant laufen. Für mich liegt darin eine subtile Form der Delegation von Verantwortung, bei der die Betonung auf dem kollektiven »Wir« liegt, um individuelle Verantwortlichkeit zu verschleiern. Die Gründe dafür können vielfältig sein. Von Unsicherheit über mangelnde Führung bis hin zu einem Versagen, klare Verantwortlichkeiten festzulegen.

Wie wirkt diese Aussage? Die Verwendung von »Wir wollten« kann zu einem Mangel an Klarheit, Vertrauen und Effizienz führen. In einer Geschäftsumgebung, in der klare Verantwortlichkeiten und transparente Kommunikation entscheidend sind, kann diese Worthülse die Zusammenarbeit beeinträchtigen und das Erreichen von Zielen maßgeblich behindern.

Um die »Kunst« der Verantwortung zu beherrschen, ist die Selbstreflexion entscheidend. Individuelle Mitglieder eines Teams sollten sich ihrer Rolle und Verantwortlichkeiten bewusst sein und ihre Beiträge zu Projekten klar definieren. Wenn wir schon bei »klar« sind, so betone ich erneut, dass die Basis für erfolgreiche Zusammenarbeit eben diese klare Kommunikation ist. So sollten sich Teams von Anfang an klare Ziele setzen und sicherstellen, dass alle Beteiligten verstehen, welche Aufgaben auf sie zukommen.

Doch nun bleibt die Frage, wie Sie auf Worthülsen wie »Wir wollten« klug reagieren? Statt passiv auf »Wir wollten« zu reagieren, ist es entscheidend, proaktiv nach einer Klärung zu suchen. In Meetings oder im Team sollten Unklarheiten bezüglich der Verantwortlichkeiten direkt angesprochen und diskutiert werden.

Fördern Sie daher die individuelle Verantwortlichkeit. Eine Unternehmenskultur, die die individuelle Übernahme von Verantwortung fördert, ist essenziell. Führungskräfte sollten ihre Teams stets dazu ermutigen, Verantwortung zu übernehmen und die Auswirkungen ihrer Handlungen zu verstehen und daraus zu lernen. Führen Sie eine Fehlerkultur ein, machen Sie Mut und unterstützen Sie Ihre Mitarbeiterinnen und Mitarbeiter. Tragen Sie somit zum Gelingen und zu einer so wichtigen und entscheidenden Veränderung bei.

Mein Fazit

Die erfolgreiche Kommunikation in der Geschäftswelt erfordert eine klare Verantwortungsbereitschaft und ein Verständnis der individuellen Beiträge jedes Teammitglieds. Die Worthülse »Wir wollten« kann vermieden werden, indem klare Kommunikation und proaktive Klärung gefördert werden. Nur durch die Übernahme individueller Verantwortung können Unternehmen ihre Ziele erreichen und langfristigen Erfolg sichern.

»Wir denken darüber nach ...«
Immer wieder hören wir Ausdrücke und Phrasen, die mehrdeutig erscheinen können. Eine dieser Worthülsen, die häufig verwendet wird, lautet »Wir denken darüber nach«. Doch was steckt wirklich hinter diesen Worten und wie können Sie effektiv darauf reagieren? In diesem Abschnitt enthülle ich die verborgene Bedeutung dieser Sprachformel und biete Ihnen wertvolle Strategien, um sich mit dieser Situation auseinanderzusetzen und erfolgreich damit umzugehen.

Erneut gilt es, die verborgene Bedeutung zu entschlüsseln. In vielen Fällen ist »Wir denken darüber nach« eine vorsichtige Formulierung, die darauf hinweist, dass die Entscheidungsträger noch nicht vollständig von einer Idee, einem Vorschlag oder einem Plan überzeugt sind. Es könnte durchaus bedeuten, dass Unsicherheit oder zögerliches Abwägen vorherrscht. Manchmal sogar eine Ablehnung, die nicht direkt kommuniziert wird oder werden soll. Indem Sie die Hintergründe dieser Formulierung verstehen, erhalten Sie Einblicke in die Dynamik der Entscheidungsfindung und können entsprechend reagieren.

Mit welchen Strategien könnte man auf solche Phrasen effektiv reagieren? Zuerst einmal gilt es, Klarheit zu schaffen: Stellen Sie gezielte Fragen, um Unklarheiten zu beseitigen und zusätzliche Informationen zu sammeln. Dies zeigt nicht nur Ihr Interesse, sondern ermöglicht es auch, mögliche Bedenken direkt anzusprechen. Präsentieren Sie Beweise und Argumente. Das bedeutet: Bereiten Sie überzeugende Fakten und Daten vor, die Ihre Idee oder Ihren Vorschlag unterstützen. Dies stärkt Ihre Position und erleichtert es den Entscheidungsträgern, sich von der Validität Ihrer Überlegungen zu überzeugen.

Zeigen Sie damit auch Ihren Willen zu Beteiligung und Engagement, indem Sie aktiv an Diskussionen teilnehmen und konstruktives Feedback geben. Dies unterstreicht Ihre Bereitschaft, Verantwortung zu übernehmen und die Initiative zu ergreifen. Fordern Sie kollaboratives Denken, indem Sie den Wert der Teamarbeit betonen, und schlagen Sie vor, gemeinsam an der Weiterentwicklung der Idee zu arbeiten. Dies signalisiert Flexibilität und zeigt, dass Sie bereit sind, Anpassungen vorzunehmen, um die bestmögliche Lösung zu finden.

Navigieren Sie durch die Entscheidungsfindung: Indem Sie die versteckte Bedeutung von »Wir denken darüber nach« erkennen und gezielt darauf reagieren, können Sie die Dynamik der Entscheidungsfindung in Ihrem beruflichen Umfeld positiv beeinflussen. Nutzen Sie die vorgestellten Strategien, um aktiv an diesem Prozess teilzunehmen und Ihre Karriere voranzutreiben.

> **Mein Fazit**
>
> In der Geschäftswelt ist es entscheidend, nicht nur die offensichtliche Kommunikation zu verstehen, sondern auch die verborgenen Nuancen zu durchschauen. Dieses Kapitel bietet Ihnen Werkzeuge und Strategien, um erfolgreich auf die vage Aussage »Wir denken darüber nach« zu reagieren und Ihre beruflichen Ziele mit Klarheit, Überzeugungskraft und Teamarbeit zu erreichen.

»Wir können uns vorstellen ...«

In der Geschäftswelt wird oft mit Worthülsen und Floskeln jongliert, um Raum für Verhandlungen zu schaffen, ohne sich verbindlich festzulegen. Ein klassisches Beispiel ist die Phrase »Wir können uns vorstellen«. Diese vage Äußerung gibt wenig preis und eröffnet den Verhandlungsspielraum, ohne konkrete Zusagen zu machen. In solchen Fällen erhalten Sie Klarheit nur durch Nach- und Rückfragen. Werden Sie zum Architekten Ihrer Verhandlungen, indem Sie auf klare Aussagen drängen. Wenn Ihr Verhandlungspartner sagt »Wir können uns vorstellen«, reagieren Sie proaktiv, indem Sie nachfragen. Beispiel: »Das klingt interessant. Könnten Sie bitte konkretisieren, welche Aspekte Sie sich vorstellen können?«

Sie haben das Drehbuch in der Hand, Sie führen Regie, also betonen und setzen Sie Ihre klaren Erwartungen und Standards für die Verhandlung. Formulieren Sie Ihre eigenen Vorstellungen und Anforderungen so, dass Ihr Gesprächspartner Ihre Position besser versteht. Beispiel: »Für uns ist es wichtig, dass … erfüllt wird. Wie können wir sicherstellen, dass dies in unsere Überlegungen einfließt?«

Ein weiterer, entscheidender Punkt besteht darin, die Verhandlung in konkrete Bahnen zu lenken. Wenn Ihr Gegenüber vage bleibt, geben Sie klare Anstöße, um den Diskurs zu vertiefen. Ein weiteres Beispiel: »Ich verstehe. Um das besser zu evaluieren, könnten wir über A, B und C sprechen. Wie sehen Sie diese Aspekte in Bezug auf unsere Zusammenarbeit?«

Nur wenn Sie klare Handlungsschritte vorschlagen, eröffnen Sie die Möglichkeit auch klare Ergebnisse zu erzielen. Machen Sie konkrete Vorschläge für den nächsten Schritt. Lassen Sie Ihr Gegenüber nicht mit unverbindlichen Formulierungen davonkommen. Ein Beispiel: »Um diese Idee weiter zu verfolgen, schlage ich vor, dass wir in der nächsten Woche einen Workshop planen, um gemeinsam an Lösungen zu arbeiten. Wie klingt das für Sie?«

> **Mein Fazit**
>
> Bedenken Sie stets, dass eine klare Kommunikation der Schlüssel zum Verhandlungserfolg ist. Lassen Sie sich nicht von Worthülsen beeindrucken, sondern setzen Sie auf gezieltes Nachfragen, klare Erwartungen und konkrete Handlungsschritte, um den Verhandlungsprozess aktiv zu gestalten. Indem Sie Ihre Verhandlungen aktiv lenken, werden Sie zu einem Meister der Kommunikation und erreichen nachhaltige Erfolge in Ihrer beruflichen Laufbahn.

»Wir sollten uns mal zusammensetzen …«

Wie Sie wissen, ist in der schnelllebigen Geschäftswelt die effektive Zusammenarbeit entscheidend für den Erfolg. Oft hören wir Sätze wie »Wir sollten uns mal zusammensetzen«. Doch was steckt hinter dieser Formel und wie können Sie geschickt darauf reagieren, um Ihr berufliches Netzwerk zu stärken? Lassen Sie uns nun die subtilen Nuancen dieser Formel erforschen. Auch hier biete ich Ihnen praktische Strategien, um in solchen Kommunikationssituationen souverän zu agieren.

Was bedeutet »Wir sollten uns mal zusammensetzen« wirklich? Dieser Satz wird oft als Einladung zu einem informellen Treffen verstanden, bei dem Ideen ausgetauscht, Probleme gelöst oder gemeinsame Ziele besprochen werden sollen. Es ist eine Gelegenheit, Synergien zu schaffen und die Zusammenarbeit zu intensivieren. Ein solches Treffen kann jedoch auch eine Herausforderung sein, besonders wenn es deutlich macht, dass es Unklarheiten oder Konflikte gibt, die ausgeräumt werden müssen.

Bleiben Sie positiv, das hat sich stets bewährt. Antworten Sie auf diese »Einladung« stets mit positiver Energie. Betonen Sie Ihr Interesse an der Zusammenarbeit und drücken Sie Ihre Bereitschaft aus, aktiv zur Lösung von Problemen beizutragen. Beispiel: »Das klingt großartig! Ich freue mich darauf, Ideen auszutauschen und gemeinsam mit Ihnen an wirklich guten Lösungen zu arbeiten.«

Bleiben Sie jedoch auch stets klar. Fragen Sie zum Beispiel nach spezifischen Themen, die während des Treffens besprochen werden sollen. Dies zeigt nicht nur Ihr Engagement, sondern ermöglicht es auch, sich besser vorzubereiten. Beispiel: »Welche konkreten Themen möchten Sie besprechen? Ich möchte sicherstellen, dass ich gut vorbereitet bin und effektiv zur Diskussion beitragen kann.«

Bieten Sie dabei eine proaktive Lösungsfindung an, indem Sie selbst Vorschläge für das Treffen anbieten, um die Produktivität zu steigern. Beispiel: »Vielleicht könnten wir uns auf ... konzentrieren und gemeinsam überlegen, wie wir das effizient und effektiv angehen können. Ich habe auch ein paar Ideen, die ich gerne mit Ihnen teilen möchte.«

Mein Fazit

Das Zauberwort lautet »Zusammenarbeit«. Diese Kunst sollten Sie gerade in den hier beschriebenen Kommunikationssituationen beherrschen. Denn die Fähigkeit, auf Einladungen mit den Worten »Wir sollten uns mal zusammensetzen« verbindlich und konkret zu reagieren, ist entscheidend für den Aufbau erfolgreicher beruflicher Beziehungen. Mit einer positiven Einstellung, Klarheit und proaktiven Vorschlägen können Sie nicht nur diese Gelegenheit optimal nutzen, sondern auch einen nachhaltigen Eindruck als kompetenter und engagierter Teamplayer hinterlassen. Erkennen Sie die Chancen, die hinter diesen Worten verborgen sind, und nutzen Sie sie, um Ihre berufliche Karriere auf die nächste Stufe zu heben.

»Wir werden demnächst ...«
In der geschäftlichen Kommunikation sind viele Aspekte von entscheidender Bedeutung, zum Beispiel die Präzision. Doch immer wieder begegnen wir vagen Aussagen wie »Wir werden demnächst«. Diese Worthülse verursacht oft Unsicherheit und lässt Raum für jede Menge Missverständnisse. Ich möchte die Hintergründe dieser vagen Formulierung ergründen und auch hier wirkungsvolle Strategien präsentieren, wie Sie darauf professionell und souverän reagieren können.

Erklären Sie, warum klare und präzise Kommunikation für den beruflichen Erfolg entscheidend ist. Betonen Sie dabei, wie unklare Aussagen Unsicherheit und Verzögerungen verursachen können. Durchleuchten Sie auch hier die Hintergründe der Formel »Wir werden demnächst«. Analysieren Sie mögliche Gründe, warum Menschen zu vagen Formulierungen neigen. Diskutieren Sie, wie Unsicherheit oder fehlende Informationen zu dieser Art von Antwort führen können.

Zeigen Sie positiv und souverän die Macht der präzisen Kommunikation. Das bedeutet, dass Sie die Vorteile klarer und präziser Aussagen in der beruflichen Kommunikation hervorheben. Veranschaulichen Sie zum Beispiel anhand von Fallstudien, wie klare Kommunikation Projekte beschleunigen und den Arbeitsablauf verbessern kann. Legen Sie sich eine Strategie für einen souveränen Umgang mit der Ansage »Wir werden demnächst« fest und bieten Sie praxiserprobte Methoden an, wie Sie auf vage Aussagen professionell reagieren können.

Überlegen Sie, wie Sie durch gezielte Nachfragen und klare Kommunikation den Informationsfluss verbessern können. Bauen Sie unbedingt wirkungsvolle Rückfragen ein und zeigen Sie, wie Sie durch diese geschickten Rückfragen mehr Klarheit und Verbindlichkeit schaffen können, ohne dabei unhöflich zu wirken.

Veranschaulichen Sie weiterhin, wie eine gut formulierte Frage den Gesprächspartner dazu bringt, konkretere Informationen preiszugeben. Untermalen Sie das Ganze mit erfolgreichen Beispielen aus der Praxis, indem Sie Erfolgsgeschichten von Menschen präsentieren, die durch präzise Kommunikation Unsicherheiten beseitigt und Projekte beschleunigt haben. Heben Sie hervor, wie klare Kommunikation zu beruflichem Erfolg und Anerkennung geführt hat.

> **Mein Fazit**
>
> Fassen Sie die wichtigsten Erkenntnisse zusammen und ermutigen Sie Ihre Mitarbeiterinnen und Mitarbeiter, aktiv an ihrer eigenen Kommunikationskompetenz zu arbeiten. Betonen Sie, dass klare Kommunikation nicht nur beruflichen Erfolg fördert, sondern auch zu einer positiven und effizienten Arbeitsumgebung beiträgt.

»Wir spielen mit dem Gedanken ...«

In der Welt der Geschäftsverhandlungen ist es keine Seltenheit, auf vorsichtige Formulierungen zu stoßen. Eine besonders herausfordernde Phrase, die in Gesprächen über berufliche Möglichkeiten oft fällt, lautet »Wir spielen mit dem Gedanken«. Doch hinter dieser scheinbar unverbindlichen Aussage verbergen sich oft konkrete Überlegungen und Entscheidungsprozesse.

Hier ist es wichtig, die psychologische Ebene zu verstehen. Wenn jemand sagt, dass er »mit dem Gedanken spielt«, zeigt dies, dass die Person die Idee in Erwägung zieht, aber möglicherweise noch unsicher oder zurückhaltend ist. Dies könnte verschiedene Gründe haben, die von internen Unsicherheiten bis hin zu externen Einflussfaktoren reichen.

Wie reagieren Sie souverän auf eine solche Formulierung? Zeigen Sie Interesse und betonen Sie Ihre Begeisterung für die Position oder das Projekt. Verdeutlichen Sie, wie gut Ihre Qualifikationen und Fähigkeiten zu den Anforderungen passen. Dies zeigt, dass Sie die Initiative ergreifen und aktiv an der Möglichkeit interessiert sind. Überlegen Sie, was Sie konkret beitragen können, und signalisieren Sie so Ihre Unterstützungsbereitschaft.

Als Nächstes fragen Sie nach der Konkretisierung. Höflich und professionell können Sie nach weiteren Details fragen, um mehr Klarheit über die Überlegungen, den Entscheidungsprozess und über das, was sich hinter dieser Behauptung versteckt, zu erhalten. Dies signalisiert, dass Sie aktiv an der Entwicklung teilnehmen wollen.

Bitte vergessen Sie nicht, Ihren ganz persönlichen Mehrwert herauszustellen und anzubieten. Präsentieren Sie Ihre Ideen oder Lösungsansätze für spezifische Herausforderungen, die mit der Position oder dem Projekt verbunden sind. Dies zeigt, dass Sie nicht nur an der Position interessiert sind, sondern auch aktiv darüber nachdenken, wie Sie zum Erfolg des Unternehmens beitragen können.

Erlauben Sie mir, zwei Beispiele für eine gelungene Kommunikation in diesem Bereich aufzuführen.
1. »Ich bin wirklich begeistert von der Möglichkeit, Teil Ihres Teams zu werden. Könnten Sie mir mehr Einblick in Ihre Überlegungen geben und erläutern, welche Faktoren bei Ihrer Entscheidungsfindung eine Rolle spielen?«
2. »Ich habe bereits darüber nachgedacht, wie ich meine Erfahrungen und Fähigkeiten in dieser Position bestens einbringen kann. Wäre es möglich, darüber zu sprechen, wie mein Handeln zur Erreichung der Unternehmensziele beitragen könnte?«

Mein Fazit

Die Kunst, mit der »Wir spielen mit dem Gedanken«-Aussage umzugehen, liegt darin, selbstbewusst Interesse zu zeigen und gleichzeitig proaktiv einen (Mehr-)Wert für den Gesprächspartner oder das Unternehmen zu schaffen. Dieses souveräne Vorgehen wird nicht nur Ihre Professionalität unterstreichen, sondern auch die Chancen auf einen positiven Kommunikationsverlauf erhöhen.

Die genannten Strategien sind erprobte Methoden, um zum Beispiel in beruflichen Verhandlungen erfolgreich zu agieren. Entwickeln Sie Ihre Fähigkeiten weiter und steigern Sie Ihre Erfolgsaussichten in der dynamischen Welt der Karriereentwicklung oder in anderen entscheidenden Bereichen des Berufslebens.

»Wir überlegen noch ...«
Die vage Aussage »Wir überlegen noch« bringt häufig Unsicherheit oder Zögern in Bezug auf eine Entscheidung oder Handlung zum Ausdruck. In geschäftlichen Kontexten kann dies verschiedene Gründe haben, darunter fehlende Informationen, Unsicherheiten über die Auswirkungen einer Entscheidung oder sogar politische Dynamiken innerhalb einer Organisation.

Als Kommunikationsstratege, der diesen Satz gut kennt, empfehle ich, auf diese Aussage proaktiv zu reagieren, um Klarheit zu schaffen und den Entscheidungsprozess zu beschleunigen. Hier habe ich einige strategische Ansätze für Sie zusammengefasst:

- **Erkundigen Sie sich zuerst nach den spezifischen Bedenken:** Stellen Sie offene Fragen, um die genauen Unsicherheiten oder Bedenken zu identifizieren, die die Entscheidung verzögern. Das kann dazu beitragen, gezielte Informationen zu erhalten und mögliche Missverständnisse auszuräumen.
- **Bieten Sie zusätzliche Informationen an:** Liefern Sie zum Beispiel relevante Daten, Analysen oder Erfahrungen, die bei der Entscheidungsfindung helfen könnten. Dies kann die gemeinsame Vertrauensbasis stärken und Unsicherheiten oftmals minimieren.
- **Präsentieren Sie ebenso klare Handlungsoptionen:** Strukturieren Sie die Entscheidungsoptionen in klare, leicht verständliche Szenarien. Dadurch wird es für die Entscheidungsträger einfacher, die verschiedenen Möglichkeiten zu bewerten, gegeneinander abzuwägen und eine fundierte Entscheidung zu treffen.
- **Demonstrieren Sie unbedingt den Nutzen der Entscheidung:** Verdeutlichen Sie die positiven Auswirkungen und heben Sie den Mehrwert hervor, den eine schnelle Entscheidung mit sich bringen würde. Dies kann dazu beitragen, das Verständnis für die Dringlichkeit zu fördern.
- **Schaffen Sie Transparenz über den Entscheidungsprozess:** Dies erreichen Sie, indem Sie die beteiligten Personen über den Zeitrahmen und die Schritte des Entscheidungsprozesses informieren. Das kann dazu beitragen, Erwartungen zu managen und Unsicherheiten zu reduzieren.
- **Betonen Sie den Wert einer Zusammenarbeit:** Stellen Sie klar heraus, dass Sie bereit sind, gemeinsam an Lösungen zu arbeiten, und schlagen Sie gegebenenfalls eine kooperative Herangehensweise vor, um Bedenken zu adressieren und Ihre absolute Bereitschaft zu demonstrieren.

Mein Fazit

Reagieren Sie proaktiv auf vage Aussagen, erkundigen Sie sich nach konkreten Bedenken, bieten Sie zusätzliche Informationen an, präsentieren Sie klare Handlungsoptionen, demonstrieren Sie den Nutzen der Entscheidung, schaffen Sie Transparenz über den Entscheidungsprozess und betonen Sie die Zusammenarbeit. Dies wird nicht nur die Entscheidungsfindung beschleunigen, sondern auch die Kommunikation und Zusammenarbeit in Ihrem Geschäftsumfeld verbessern.

Probieren Sie es aus, ich wünsche Ihnen viel Erfolg und gutes Gelingen.

26 »Sie kennen ja sicherlich …?« Suggestivfragen in der Kommunikation

Oder: »Jemanden zu beeinflussen bedeutet, ihm eine fremde Seele zu geben.« (Oscar Wilde)

Ich habe mich immer wieder gefragt, warum Menschen Fragen stellen, deren Antworten sie bereits kennen. Worin liegt die Wertschätzung des Gesprächspartners? Ist das ein Spiel mit Worten und Gedanken? Eine Herausforderung vielleicht? Oder möchte ich jemanden bloßstellen? Zeigen, was ich so alles rhetorisch draufhabe? Demonstrieren, dass mir mein Gegenüber nicht gewachsen ist und mir nicht das Wasser reichen kann? Was soll das? Welcher nachvollziehbare, vernünftige Sinn steckt dahinter?

Suggestivfragen und Sätze wie »Sie kennen ja sicherlich die Aussage von …?« oder »Sind Sie nicht auch der Meinung, dass …?« haben für mich etwas Überhebliches, Arrogantes und lassen die Akzeptanz des anderen vermissen.

Vielleicht wollen uns Menschen, die diese Fragen gerne stellen, prüfen, auf die Probe stellen oder uns herausfordern. Der Wert einer solchen Frage ist meiner Meinung nach mehr als fraglich. Wenn ich mir eine Antwort gebildet habe, von etwas überzeugt bin und unbedingt der Meinung bin, mein Gesprächspartner müsste sie hören, im besten Falle dieser auch zustimmen, ist eine klare Aussage im Indikativ doch die beste Variante.

Welche Bedeutung hat es also in der gesprochenen Kommunikation, wenn ich eine Frage stelle und meine Antwort darin bereits vorgebe? Wenn ich dies tue, dann möchte ich damit mindestens zwei Dinge demonstrieren:
1. Ich kenne mich gut aus und weiß etwas, was der Gesprächspartner möglicherweise nicht kennt.
2. Ich versuche meinen Gesprächspartner zu beeinflussen und ihm meine Meinung aufzudrängen.

Denn ganz gleich wie höflich solche Aussagen auch formuliert sein mögen, sie spiegeln nicht selten die Dominanz des Sprechers wider. Lesen Sie auf den folgenden Seiten einige Beispiele für Suggestivfragen.

»Es ist Ihnen doch sicherlich bekannt …?«
Suggestivfragen werden oft eingesetzt, um eine gewünschte Antwort zu erhalten, ohne die Frage jedoch direkt zu stellen. Die Formulierung »Es ist Ihnen doch sicherlich bekannt« deutet darauf hin, dass der Sprecher bereits von einer bestimmten Information ausgeht und den Gesprächspartner dazu bewegen möchte, dies zu bestätigen. Die Suggestivfrage kann eingesetzt werden, um eine bestimmte Perspektive zu etablieren oder den Gesprächspartner in eine gewünschte Richtung zu lenken.

Was möchte der Sprecher damit bewirken? Hier sind mehrere Antworten möglich. Oftmals möchte er die Bestätigung der vorausgesetzten Information von seinem Gegenüber erhalten. Oder will er die Wahrnehmung des Gesprächspartners beeinflussen? Im besten Falle stellt er die Frage, weil er eine gemeinsame Basis für die folgende Diskussion etablieren möchte.

Nun fragen Sie sicherlich, wie man darauf am besten reagiert. Drei Varianten möchte ich Ihnen gern vorstelle.
1. **Neutralisierung ist das Zauberwort:** Beginnen Sie doch mit einer neutralen Antwort. Beispiel: »Ich bin nicht sicher, ob mir das bekannt ist. Könnten Sie bitte mehr Informationen dazu geben?«
2. **Stellen Sie doch einmal die Fragen:** Setzen Sie konkrete Gegenfragen ein, um Klarheit zu erhalten. Beispiel: »Könnten Sie mir bitte mitteilen, welche spezifische Information Sie meinen?«
3. **Bringen Sie jetzt Ihre eigene Perspektive ein:** Betonen Sie, dass verschiedene Quellen zu verschiedenen Zeiten unterschiedliche Informationen bereitstellen könnten, und bitten Sie um eine Klärung.

> **Mein Fazit**
>
> Es ist für Ihre Business-Kommunikation erfolgsentscheidend, Suggestivfragen bewusst zu erkennen und darauf angemessen zu reagieren. Eine neutrale, sachliche Herangehensweise hilft Ihnen dabei, um die Kontrolle über das Gespräch zu behalten, Missverständnissen vorzubeugen und sie zu vermeiden. Durch Ihre präzisen Gegenfragen und das Einbringen Ihrer eigenen Perspektive können Sie das Gespräch auf eine objektive Ebene lenken. In der Geschäftswelt ist Kommunikation ein Schlüsselaspekt, und die Fähigkeit, mit Suggestivfragen umzugehen, stärkt Ihre Verhandlungsposition und fördert eine effektive Zusammenarbeit.

»Ihnen dürfte aufgefallen sein …«
»Ihnen dürfte aufgefallen sein« ist ein Suggestivsatz, der darauf abzielt, dem Gesprächspartner eine bestimmte Beobachtung nahezulegen und gleichzeitig eine gewünschte Antwort zu unterstellen. In einem geschäftlichen Kontext werden Formulierungen dieser Art häufig verwendet, um eine Zustimmung oder Anerkennung zu bestimmten Tatsachen oder Interpretationen zu erhalten.

Der Sprecher möchte durch diese Formulierung eine gewisse Selbstverständlichkeit suggerieren und dabei den Eindruck erwecken, dass die angesprochene Beobachtung offensichtlich oder unvermeidlich ist. Dies dient oft dazu, den Gesprächspartner zu beeinflussen und in eine gewünschte Richtung zu lenken, nicht selten auch um ihn zu denunzieren.

Wie reagieren Sie auf eine solche Suggestivfrage? Eine effektive Entgegnung erfordert eine diplomatische und kluge Herangehensweise. Anstatt direkt auf die Suggestivformulierung einzugehen, können Sie den Fokus auf eine neutrale Betrachtung lenken. Zum Beispiel könnten Sie antworten: »Ich habe verschiedene Perspektiven in Betracht gezogen und bin offen für weitere Diskussionen. Welche spezifischen Punkte möchten Sie besprechen?«

Indem Sie auf diese Weise eine offene und ausgewogene Haltung zeigen, können Sie den Versuch der Beeinflussung durch Suggestivfragen umgehen und das Gespräch auf eine sachliche Ebene zurückführen.

> **Mein Fazit**
>
> Im Business ist es entscheidend, sich der Macht von Suggestivfragen bewusst zu sein und sich vor ungewollter Beeinflussung zu schützen. Statt sich von suggestiven Formulierungen leiten und ablenken zu lassen, ist es ratsam, einen kühlen Kopf zu behalten und sich auf Fakten und rationale Diskussionen zu konzentrieren. Eine offene Kommunikation, die Raum für verschiedene Perspektiven lässt, fördert eine konstruktive Zusammenarbeit und ermöglicht es, Geschäftsentscheidungen auf einer soliden Grundlage zu treffen.

»Über Peanuts müssen wir doch wohl nicht sprechen?«

Diese Äußerung hörte ich vor einigen Jahren in einem Verhandlungsgespräch. Meine damalige, provokante Antwort, die ich Ihnen jedoch nicht empfehlen möchte, lautete: »Und warum sprechen wir dann darüber?«

Hier nun meine ganz offizielle Empfehlung für Sie: Die Aussage »Über Peanuts müssen wir doch wohl nicht sprechen« könnte als eine subtile Form der Suggestivfrage interpretiert werden, die darauf abzielt, die Bedeutung oder Relevanz eines Themas herunterzuspielen, vielleicht sogar ins Lächerliche zu ziehen. Ihr Gesprächspartner versucht möglicherweise, die Diskussion über bestimmte Details oder Aspekte zu vermeiden, indem er suggeriert, dass es sich um eine unbedeutende Kleinigkeit handelt, die keine ernsthafte Aufmerksamkeit erfordert.

Hinter dieser Suggestivfrage steckt oft der Wunsch, die Bedeutung des angesprochenen Themas zu bagatellisieren, um eine bestimmte Antwort zu beeinflussen oder um unangenehme Fragen zu umgehen. In geschäftlichen Kontexten könnte dies beispielsweise dazu dienen, Kosten, Verpflichtungen oder unangenehme Details zu minimieren.

Um dieser Suggestivfrage wirksam zu begegnen, ist es wichtig, die Relevanz des Themas zu betonen und klarzustellen, dass alle Aspekte in einer Diskussion berücksichtigt werden sollten. Eine mögliche Antwort könnte lauten: »Obwohl es sich bei Peanuts um vermeintlich kleine Beträge handeln mag, können sie in der Gesamtbetrachtung einen erheblichen Einfluss haben. Lassen Sie uns sicherstellen, dass wir alle Details im Blick behalten, um eine umfassende Entscheidung zu treffen.« Würde ich jetzt einen Wirtschafts-Bestseller schreiben wollen, könnte man betonen, wie eine genaue Analyse aller Aspekte und Details, selbst wenn sie auf den ersten Blick als »Peanuts« erscheinen, einen bedeutenden Einfluss auf den Gesamterfolg eines Unternehmens haben kann. Dies würde dann die Wichtigkeit einer umfassenden Betrachtung, um die bestmöglichen Entscheidungen zu treffen und unerwünschte Überraschungen zu vermeiden, unterstreichen.

> **Mein Fazit**
>
> In der Geschäftswelt ist es entscheidend, Suggestivfragen zu erkennen und angemessen und geistesgegenwärtig zu reagieren, um eine objektive und fundierte Diskussion zu fördern oder auch sich in einer Verhandlung nicht über den Tisch ziehen zu lassen. Selbst scheinbar unbedeutende Details können erhebliche Auswirkungen haben, und eine gründliche Analyse ist der Schlüssel zu nachhaltigem Erfolg. Bleiben Sie aufmerksam, stellen Sie relevante Fragen und lassen Sie sich nicht von suggestiven Taktiken ablenken, um fundierte Entscheidungen zu treffen.

»Ich habe ja bei Prof. Dr. ... in ... studiert und Sie?«
Das ist kein rein deutsches Phänomen, aber bei uns nicht nur sehr verbreitet, sondern leider auch oftmals eine Voraussetzung für einen Job oder die Möglichkeit eines Gesprächs: der akademische Grad und die Bekanntheit.

Wer bekannt ist, mit dem unterhält man sich gern, lädt die Person ein, zeichnet sie aus, lobt sie manchmal über den grünen Klee. Lässt sich mit ihr fotografieren oder macht ein Selfie. Dabei vergessen wir leider oft, dass es so unglaublich viele großartige, aber weniger bekannte Menschen gibt, die etwas zu sagen haben. Menschen, deren Überlegungen, Ideen oder Auswertungen hervorragend sind, die jedoch leider viel zu wenig Gehör finden, weil sie eben nicht in der »Top-10-Liste« der sogenannten »Expertinnen und Experten« zu finden sind. Ich finde das nicht nur schade, sondern auch sträflich. Möglicherweise hätten wir weniger Themen oder Probleme und viel mehr gute Lösungen, wenn wir einmal mehr Menschen abseits des Mainstreams und der akademischen Würden zu Wort kommen ließen. Und natürlich auch ihre Meinung anerkennen, akzeptieren oder im besten Fall auf sie hören und das Gehörte umsetzen würden. Was wäre das für eine Welt? Entscheiden Sie oder haben Sie bereits entschieden? Wen laden Sie ein, wem schenken Sie Gehör?

Die Äußerung »Ich habe ja bei Prof. Dr. ... in ... studiert und Sie?« ist eine subtile Form der Suggestivfrage, die darauf abzielt, eine gewisse Überlegenheit oder Autorität des Sprechers zu etablieren. Der Sprecher versucht, durch die Erwähnung eines renommierten Professors und einer bestimmten Hochschule eine vermeintliche Überlegenheit in Bezug auf seine Ausbildung oder Qualifikationen zu signalisieren. Durch diese rhetorische Strategie versucht der Sprecher oft, den Gesprächspartner dazu zu bringen, in eine defensive Position zu geraten oder sich als weniger qualifiziert zu fühlen.

Um einer solchen Suggestivfrage zu begegnen, ist es wichtig, besonnen und selbstbewusst zu reagieren. Hier sind einige Empfehlungen für Sie.

Wie steht es mit Ihrer Qualifikation und Expertise? Statt sich in die Defensive drängen zu lassen, betonen Sie Ihre eigenen Qualifikationen und Erfahrungen. Sie könnten beispielsweise sagen: »Ja, ich habe an der Universität XYZ studiert und dabei umfassende Kenntnisse in diesem Bereich erworben.« Wenn Sie nicht studiert haben, dann bringen Sie doch Ihren Mentor, Trainer, Coach oder Lehrer ins Spiel und erlauben sich eine kleine Provokation (ausnahmsweise). Dann könnte der Satz so lauten: »Sie haben an der Universität XYZ studiert, sehr renommiert. Ich war eine persönliche Schülerin von Prof. Dr. …. Sicherlich kennen Sie ihr Renommee (Einfluss/Bedeutung/Autorität).« In 99,9 % der Fälle ernten Sie ein anerkennendes (manchmal gespieltes) Nicken, denn in den allerseltensten Fällen würde jemand, der mit seiner Hochschulbildung prahlt, zugeben, dass er den Namen noch nie gehört hat. Er würde sich fast immer bloßgestellt fühlen und seine vermeintliche Macht oder Dominanz würde sich in Luft auflösen. Wenden Sie diese rhetorische Taktik aus dem Business-Alltag gern einmal an.

Stellen Sie doch einfach Fragen zur praktischen Anwendung. Lenken Sie das Gespräch weg von rein akademischen Aspekten hin zur praktischen Anwendung des Wissens. Sie könnten beispielsweise sagen: »Wie haben Sie Ihr Wissen in der Praxis angewendet? Ich hatte die Gelegenheit, während meines Studiums bei … praktische Erfahrungen zu sammeln.«

Ihre Körpersprache sollte Selbstbewusstsein ausstrahlen. Halten Sie Blickkontakt, schauen Sie auf keinen Fall beschämt oder verlegen weg. Stehen Sie aufrecht und treten Sie souverän auf.

> **Mein Fazit**
>
> In der Welt der Suggestivfragen ist es entscheidend, ruhig und selbstbewusst zu bleiben. Der Fokus sollte darauf liegen, die eigenen Qualifikationen zu betonen und das Gespräch auf eine positive und konstruktive Ebene zu lenken. Indem Sie die praktische Anwendung von Wissen hervorheben und sich nicht in eine defensive Position drängen lassen, können Sie das Gespräch in eine Richtung lenken, die Ihre Stärken und Erfahrungen in den Vordergrund stellt.

»War ich zu schnell für Sie?«

Suggestivfragen sind eine mächtige Kommunikationstechnik, die darauf abzielt, eine bestimmte Antwort zu provozieren. Die Frage »War ich zu schnell für Sie?« wird oft verwendet, um eine Zustimmung oder Bestätigung für eine vorherige Handlung oder Aussage zu erhalten. Der Sprecher impliziert, dass die Geschwindigkeit seiner Darlegung möglicherweise als problematisch wahrgenommen werden könnte, und erwartet eine positive Rückmeldung.

Hinter dieser Suggestivfrage steckt oft der Wunsch nach Bestätigung oder Anerkennung. Der Sprecher möchte hören, dass seine Aktionen akzeptabel waren und keine Bedenken oder Unannehmlichkeiten aufgetreten sind. Es ist eine subtile Möglichkeit, die Kontrolle über die Situation zu behalten und gleichzeitig positive Zustimmung zu erlangen.

Um auch auf diese Frage angemessen zu antworten, ist es wichtig, respektvoll und gleichzeitig selbstbewusst zu sein. Eine mögliche Antwort könnte lauten: »Ich schätze Ihre Effizienz und Geschwindigkeit, aber es wäre hilfreich, wenn wir bestimmte Punkte vertiefen könnten, um sicherzustellen, dass alle Aspekte berücksichtigt werden. Dafür sollten wir uns ausreichend Zeit nehmen.« Auf diese Weise betonen Sie die Wertschätzung für das schnelle Handeln, bringen aber gleichzeitig die Notwendigkeit zur Sprache, sicherzustellen, dass alle relevanten Informationen berücksichtigt werden. Dies signalisiert Kooperationsbereitschaft und den Wunsch, gemeinsam die bestmögliche Lösung zu finden.

In einem wirtschaftlichen Kontext ist es entscheidend, die Kommunikation effektiv zu gestalten, um Missverständnisse zu vermeiden und die Zusammenarbeit zu fördern. Suggestivfragen sollten bewusst eingesetzt werden, um positive Reaktionen zu fördern, ohne dabei die Authentizität zu verlieren.

Für mich erfordert die Kunst der Suggestivfrage Feingefühl und Bewusstsein für die Dynamik der Kommunikation. In einem geschäftlichen Umfeld ist es wichtig, durch geschickte Formulierungen eine positive Atmosphäre zu schaffen, ohne dabei die eigene Integrität zu gefährden. Klare, kooperative Antworten fördern ein konstruktives Miteinander und tragen zur Bewältigung von Herausforderungen bei. Letztendlich ist eine offene und respektvolle Kommunikation der Schlüssel zu erfolgreichen geschäftlichen Beziehungen.

Nach dem ich Ihnen nun einige ausgesuchte Beispiele erläutert habe, gehen wir nun den nächsten Schritt. Wir steigern diese gefühlte Überlegenheit etwas und bringen zusätzlich den Aspekt »Vorwurf« mit ins Spiel. Das Fatale daran ist, dass wir uns damit über unser Gegenüber stellen. Dies geschieht zum Beispiel mit Suggestivsätzen wie den folgenden.

»Selbst Ihnen müsste aufgefallen sein …«
Die Kommunikation in der Wirtschaft ist oft von subtilen Nuancen geprägt, die den Unterschied zwischen Erfolg und Misserfolg ausmachen können. Ein herausforderndes Element sind eben diese Suggestivsätze, insbesondere wenn sie mit einem Vorwurf einhergehen. Der Satz »Selbst Ihnen müsste aufgefallen sein …« ist ein perfides Beispiel für diese Technik. In diesem Abschnitt möchte ich Ihnen aufzeigen, welche Absichten hinter solchen Äußerungen stecken, wie man angemessen darauf reagiert und letztendlich eine souveräne Kommunikation im Business pflegt bzw. sie optimiert.

Lassen Sie uns in diesen Fällen die Tücken der Suggestivfragen anschauen und deutlich machen. Viele Suggestivfragen zielen in der Regel darauf ab, den Gesprächspartner in eine bestimmte Richtung zu drängen und eine vordefinierte Antwort zu provozieren. Der Satz »Selbst Ihnen müsste aufgefallen sein ...« transportiert dabei nicht nur den Vorwurf einer vermeintlichen Unaufmerksamkeit, sondern impliziert auch, dass die Antwort bereits bekannt oder offensichtlich sein sollte.

Was beabsichtigt der Sprecher damit? Er versucht, den Gesprächspartner in die Defensive zu drängen, indem er eine vermeintlich feststehende Tatsache voraussetzt. Dies schafft eine unangenehme Situation und kann den anderen dazu bringen, sich zu rechtfertigen oder sich gar schuldig zu fühlen.

Und wie reagiert man angemessen auf einen solchen Vorwurf? Ganz wichtig: Bleiben Sie ruhig und gelassen. Eine emotionale Reaktion kann wie ein Schuldeingeständnis wirken. Bleiben Sie besonnen und lassen Sie sich nicht aus der Fassung bringen. Stellen Sie höflich Rückfragen, um die Grundlage der Suggestivfrage zu klären. Dies zeigt, dass Sie sich nicht vorschnell auf eine bestimmte Antwort festlegen lassen oder in eine bestimmte Ecke drängen lassen.

Präsentieren Sie als Nächstes Ihre Fakten. Liefern Sie, falls möglich, sachliche Fakten oder Beispiele, die Ihre Sichtweise unterstützen und die (verdeckte) Anschuldigung entkräften. Formulieren Sie dabei umfassende Antworten und vermeiden Sie, sich auf Ja/Nein-Antworten zu beschränken. Nutzen Sie die Gelegenheit, um Ihre Position umfassend darzulegen.

> **Mein Fazit**
>
> In der heutigen Business-Welt ist eine klare und souveräne Kommunikation entscheidend. Suggestivfragen können dabei Stolpersteine sein, aber mit der richtigen Herangehensweise lassen sie sich geschickt entschärfen. Indem man ruhig bleibt, hinterfragt, Fakten präsentiert und umfassende Antworten gibt, kann man nicht nur den in einer Suggestivfrage versteckten Vorwurf entkräften, sondern auch die eigene Glaubwürdigkeit stärken. Die Kunst besteht darin, in solchen Situationen die Kontrolle zu behalten und die Kommunikation auf ein konstruktives Niveau zu heben. Lassen Sie sich also bitte nicht provozieren und bleiben Sie souverän. »Auch wenn Sie innerlich weinen und zusammenbrechen«, wie mein ehemaliger Mentor immer zu sagen pflegte.

»Wie oft muss ich es denn noch sagen?«
In der Welt der Geschäftskommunikation begegnen wir oft suggestiven Fragen, die darauf abzielen, bestimmte Antworten zu provozieren. Eine häufige Konfrontation ist der Vorwurf: »Wie oft muss ich es denn noch sagen?« Diese Frage ist mehr als nur eine Wiederholung – sie beinhaltet den Vorwurf, dass der Gesprächspartner unbelehrbar oder ignorant sei.

Betrachten wir den Hintergrund, so zielt diese Frage darauf ab, Druck auszuüben und eine gewünschte Reaktion zu erzwingen. Der Sprecher möchte in der Regel erreichen, dass sein Standpunkt akzeptiert oder umgesetzt wird, und suggeriert dabei, dass die Wiederholung auf mangelndes Verständnis oder Desinteresse seitens des anderen zurückzuführen ist.

So könnten Sie darauf reagieren: Bewahren Sie wie immer Ruhe und reagieren Sie auf keinen Fall impulsiv. Bleiben Sie bedachtsam und professionell, um eine Eskalation zu vermeiden. Noch besser: Zeigen Sie Empathie, also Verständnis für die Frustration des Gesprächspartners, um eine offene Kommunikationsbasis zu schaffen. Stellen Sie höflich fest, dass Sie die Informationen verstanden haben, aber eine andere Perspektive vertreten. Fragen Sie direkt nach einer Konkretisierung. Bitten Sie um spezifische Beispiele, um den Fokus auf eine sachliche Diskussion zu lenken. Abschließend empfehle ich: Fassen Sie das Gesagte kurz zusammen, um sicherzustellen, dass Missverständnisse ausgeräumt werden.

> **Mein Fazit**
>
> Die Fähigkeit, suggestiven Fragen und Unterstellungen souverän zu begegnen, ist entscheidend für eine erfolgreiche Geschäftskommunikation. Indem wir ruhig, empathisch und sachlich reagieren, können wir Konflikte vermeiden und konstruktive Dialoge fördern. In einer Welt, in der Kommunikation den Schlüssel zum Erfolg darstellt, sind wirksame Strategien gegen Suggestivfragen unverzichtbar.

»Für jeden normalen Menschen sollte das kein Problem sein.«
In diesem Kontext geht es darum, den Befragten in eine Ecke zu drängen und ihm eine spezifische Antwort zu entlocken. Die suggestive Äußerung »Für jeden normalen Menschen sollte das kein Problem sein« ist darauf ausgerichtet, eine gewisse Norm zu etablieren und den Druck auf die befragte Person zu erhöhen. Durch die implizite Annahme, dass das, was gefragt wird, für »normale Menschen« leicht sein sollte, wird subtil der Vorwurf erhoben, dass es für den Befragten unangemessen oder schwierig ist, wenn er nicht zustimmt.

Um dieser suggestiven Äußerung souverän zu begegnen, ist es wichtig, die Manipulation zu erkennen und gelassen darauf zu reagieren. Vermeiden Sie es, sich zu verteidigen. Stattdessen können Sie die suggestive Äußerung dekonstruieren, indem Sie beispielsweise sagen: »Es gibt viele Perspektiven und unterschiedliche Ansichten darüber, was als normal betrachtet wird. Ich sehe die Situation möglicherweise anders, aber ich bin offen für Diskussionen.«

Bleiben Sie also ruhig und gelassen, um nicht in die »Defensiv-Falle« zu tappen. Hinterfragen Sie die Prämisse: Stellen Sie Fragen, um die zugrunde liegende Annahme zu verstehen. »Was genau bedeutet für Sie ›normal‹ in diesem Kontext?« Betonen Sie die Vielfalt der Perspektiven: Zeigen Sie auf, dass es verschiedene Auffassungen von Normalität gibt und dass Meinungen variieren können. Formulieren Sie eine offene Antwort: Äußern Sie sich respektvoll und offenen Sinnes und lassen Sie sich bitte niemals auf den suggerierten Vorwurf ein.

> **Mein Fazit**
>
> Die Kunst der Kommunikation liegt darin, sich nicht von suggestiven Fragen beeinflussen zu lassen. Indem wir gelassen und sachlich reagieren, können wir die Kontrolle über das Gespräch behalten und zu einer konstruktiven Diskussion beitragen. Der bewusste Umgang mit Suggestivfragen ermöglicht es uns, respektvoll und überzeugend zu kommunizieren, selbst in herausfordernden Situationen.

So könnten Sie reagieren: »Das kann ich so nicht akzeptieren.«
Manipulation und Vorwürfe sind keine Seltenheit bei Suggestivfragen, das wissen Sie. Oftmals zielen Vorwürfe darauf ab, eine bestimmte Antwort zu provozieren. Eine typische Reaktion in dieser Kommunikationssituation könnte folgendes Statement sein: »Das kann ich so nicht akzeptieren.«

Zum Hintergrund: Wenn jemand diese Aussage trifft, signalisiert er, dass die gestellte Frage nicht fair oder manipulativ ist. Er kann auch darauf hinweisen, dass die Fragesteller versuchen, eine voreingenommene Antwort zu erzwingen. Die Person, die diese Abwehrhaltung einnimmt, will ihre Autonomie wahren und sich nicht in eine Ecke drängen lassen. Insofern ist diese Aussage schon fast »positiv« zu bewerten. Wer möchte sich schon in eine Ecke drängen lassen?

Die Person, die diese Abwehräußerung wählt, möchte klarmachen, dass sie sich nicht auf eine unfaire Argumentationsweise einlassen wird. Sie will die Kontrolle über die Kommunikation behalten und sich nicht in die Defensive drängen lassen. Dies dient nicht zuletzt auch dazu, die Glaubwürdigkeit einer Suggestivfrage zu untergraben.

Wenn man auf eine Suggestivfrage mit dem Statement »Das kann ich so nicht akzeptieren« reagiert, ist es wichtig, ruhig und sachlich zu bleiben. Man kann darauf hinweisen, dass die gestellte Frage suggestiv ist und man sich auf eine faire und offene Diskussion einlassen möchte. Eine mögliche Antwort hierauf könnte lauten: »Ich schätze eine offene Kommunikation und freue mich auf einen konstruktiven Austausch. Könnten wir die Frage auf eine neutralere Art und Weise formulieren?«

> **Mein Fazit**
>
> In Verhandlungen ist die Fähigkeit, auf suggestive Fragen gekonnt zu reagieren, entscheidend. »Das kann ich so nicht akzeptieren« ist eine klare Absage an manipulative Taktiken. Die Kunst liegt darin, ruhig und konstruktiv zu bleiben, die Kontrolle über die Kommunikation zu behalten und auf Fairness zu bestehen. Indem man auf eine sachliche Weise die suggestive

> Stoßrichtung der Frage aufzeigt, kann man die Verhandlung auf eine produktive Ebene lenken. Souveränität in der Kommunikation ist der Schlüssel zu erfolgreichen Verhandlungen.

»Ist Ihnen immer noch nicht klar …?«
In der Welt der zwischenmenschlichen Kommunikation spielen Suggestivfragen eine subtile, aber machtvolle Rolle. Es ist uns klar, dass diese Fragen darauf abzielen, eine bestimmte Antwort zu provozieren, die oft den Wünschen oder Erwartungen des Fragestellers entspricht. Der Zusatz »Ist Ihnen immer noch nicht klar« im Businesskontext verstärkt den suggestiven Charakter und enthält zugleich einen Vorwurf.

Aber was steckt hinter dieser Suggestivfrage und was will der Sprecher damit bewirken? Die Verwendung von »Ist Ihnen immer noch nicht klar« deutet darauf hin, dass der Sprecher möglicherweise bereits Erklärungen oder Informationen gegeben hat, die aus seiner Sicht offensichtlich und klar verständlich sein sollten. Die Frage impliziert, dass der Gesprächspartner angeblich Schwierigkeiten hat, die gegebenen Informationen zu verstehen. In Wirklichkeit ist dies jedoch eine manipulative Technik, um den Gesprächspartner in die Defensive zu drängen und seine Kompetenz infrage zu stellen.

Wie entwaffne ich eine solche Suggestivfrage? Auch hier gilt es, wie bei fast allen Suggestivfragen, ruhig und sachlich zu bleiben. Emotional zu reagieren, wäre zwar oftmals eine nachvollziehbare, jedoch hier die falsche Reaktion. Auch wenn es innerlich in einem brodelt. Konzentrieren Sie sich auf die Fakten. Fordern Sie eine Klarstellung: Gehen Sie nicht auf den Vorwurf ein, sondern bitten Sie um weitere Informationen oder Erläuterungen. Beispiel: »Ich bin bemüht, alles zu verstehen. Könnten Sie bitte genauer erklären, welche Aspekte Ihnen noch unklar erscheinen?« Mit einer klaren, höflich formulierten Frage, ärgern Sie den Sprecher viel mehr, als wenn Sie wütend mit den Füßen aufstampfen.

Gehen Sie noch einen Schritt weiter und zeigen Sie Verständnis: Drücken Sie aus, dass Sie offen für Feedback und daran interessiert sind, die Perspektive des anderen zu verstehen. Auch hier ein Beispiel: »Ich schätze Ihr Feedback. Könnten Sie mir genauer sagen, welche Punkte Sie ansprechen, damit ich besser darauf eingehen kann?«

> **Mein Fazit**
> Die Kunst der guten Kommunikation besteht darin, respektvoll und effektiv zu interagieren. Suggestivfragen und Vorwürfe belasten nicht selten die ziel- und ergebnisorientierte Kommunikation, jedoch lässt sich durch ruhige und sachliche Reaktionen die Kontrolle zurückgewinnen. Das Ziel sollte es stets sein, Missverständnisse zu klären und zu einer konstruktiven Lösung beizutragen. Sie wissen ja: In der Geschäftswelt ist eine klare, respektvolle Kommunikation von entscheidender Bedeutung, um erfolgreiche Beziehungen aufzubauen und zu pflegen.

»Mir scheint, Sie haben das nicht verstanden.«

Oftmals gesellen sich subtile Vorwürfe zu den Fragen hinzu, die darauf abzielen, die Position des Gesprächspartners zu schwächen. Ein klassisches Beispiel ist der Vorwurf: »Mir scheint, Sie haben das nicht verstanden.« Hierbei wird nicht nur eine Frage gestellt, sondern zugleich wird dem Gegenüber unterstellt, etwas nicht verstanden zu haben. Er wird abgewertet. Ich muss Ihnen nicht sagen, dass dies ein »No-Go« ist.

Was bezweckt dieser Suggestivsatz verbunden mit einem Vorwurf? Zum einen die »Lenkung« der Antwort: Der Sprecher versucht, den Gesprächspartner in eine bestimmte Richtung zu lenken und dabei eine Bestätigung für seine Vermutung zu erhalten. Oder es handelt sich um ein klassisches Machtspiel im Business. Der Vorwurf verstärkt den Druck und etabliert eine Art Überlegenheit des Sprechers. Es kann eine manipulative Taktik sein, um den Gesprächspartner zu verunsichern. Der Suggestivsatz kann auch der Verteidigung der eigenen Position dienen. Denn durch den Vorwurf versucht der Sprecher, seine eigene Position zu stärken und Zweifel am Verständnis des Gegenübers zu säen.

Wie könnten Sie darauf reagieren? In der Ruhe liegt die Kraft. Also ruhen Sie in Ihrer Expertise. Lassen Sie sich nicht von Vorwürfen verunsichern. Zeigen Sie Selbstbewusstsein und verweisen Sie auf Ihre Kompetenzen und Erfahrungen. Stellen Sie klärende Nachfragen. Statt sich in die Defensive drängen zu lassen, können Sie höflich nachfragen, um Missverständnisse auszuräumen. »Können Sie bitte konkretisieren, was Sie genau meinen?« Bitte reflektieren Sie dabei neutral. Reagieren Sie sachlich und bleiben Sie ruhig. Vermeiden Sie es, in einen Konfliktmodus zu verfallen. »Lassen Sie uns gemeinsam klären, ob es Verständnisschwierigkeiten gibt.«

Mein Fazit

Zur Kommunikation gehört auch das Verständnis für die subtilen Nuancen, die in den Worten mitschwingen. Suggestivfragen, die mit einem Vorwurf verbunden sind, können in unterschiedlichen Situationen auftreten, aber eine gelassene und sachliche Reaktion kann die Machtbalance wiederherstellen und zu einer konstruktiven und im besten Falle auch ausgeglichenen Kommunikation führen. In der Welt der Wirtschaft ist es besonders wichtig, klare und effektive Kommunikationsstrategien zu entwickeln, um erfolgreich zu agieren und sich in den Gesprächen zu behaupten.

Vielleicht denken Sie jetzt »Nun übertreibt er aber maßlos. Das ist doch an den Haaren herbeigezogene, völlig frei erfundene Beispiele.« Wenn Sie so denken, stehen Sie möglicherweise ebenfalls auf der eben beschriebenen, dominierenden Seite.

Beispiele für eine positive Kommunikation – ohne Suggestivfragen

Eine positive Kommunikation, die das Ziel hat, eine gemeinsame Basis zu finden, sollte sicherlich keine Sätze wie die oben vorgestellten Suggestivfragen enthalten. Um darzulegen, wie Sie positiv formulieren können, hier zwei Beispielformulierungen:
- **Negativ:** »Sie kennen ja sicherlich die Vorgehensweise in solch einem Prozess.«
- **Positiv:** »Mit welchen Vorgehensweisen bei solchen Prozessen haben Sie gute Erfahrungen gemacht?«

Im ersten Satz unterstelle ich etwas, er ist zudem sehr allgemein gehalten. Im zweiten Satz interessiert mich die Erfahrung, die mein Gegenüber gemacht hat. Unsere Erfahrungen, die ähnlich, gleich oder ganz verschieden sein können, bieten uns beiden die Möglichkeit, eine Basis zu suchen, auf der wir gemeinsam aufbauen können.

Beispiele für positive und negative Kommunikation

- **Negativ:** »Das müsste schon längst fertig sein.«
- **Positiv:** »Was kann ich tun, um Sie bei der Fertigstellung zu unterstützen?«
- **Negativ:** »Sie lernen es wohl nie.«
- **Positiv:** »Ich schlage vor, dass wir gemeinsam einmal die einzelnen Steps durchsprechen.«
- **Negativ:** »Mit diesem Ergebnis bin ich nicht zufrieden.«
- **Positiv:** »Ihr Ergebnis würde ich gerne mit Ihnen gemeinsam um einige zusätzliche Punkte ergänzen.«

Das Vier-Seiten-Modell nach Schulz von Thun

Lassen Sie mich in diesem Zusammenhang das Vier-Seiten-Modell oder auch Nachrichtenquadrat, Kommunikationsquadrat oder Vier-Ohren-Modell von Friedemann Schulz von Thun vorstellen.

Es kommt in der Kommunikation immer darauf an, *wie* ich eine Nachricht von mir gebe, aber ebenso, wie sie empfangen wird. Eine Nachricht kann laut Schulz von Thun auf vier Ebenen kommuniziert und angenommen werden. Gerne möchte ich hierauf etwas näher eingehen und lasse Herrn Schulz von Thun sein Modell selbst erläutern:[18]

Das Vier-Ohren-Modell nach Friedemann Schulz von Thun

»Das Kommunikationsquadrat ist das bekannteste Modell von Friedemann Schulz von Thun und inzwischen auch über die Grenzen Deutschlands hinaus verbreitet. Bekannt geworden ist dieses Modell auch als Vier-Ohren-Modell oder Nachrichtenquadrat.

Wenn ich als Mensch etwas von mir gebe, etwas äußere, bin ich auf vierfache Weise wirksam. Jede meiner Äußerungen enthält, ob ich will oder nicht, vier Botschaften gleichzeitig:
- eine **Sachinformation** (worüber ich informiere) – blau
- eine **Selbstkundgabe** (was ich von mir zu erkennen gebe) – grün

---

18 Quelle: https://www.schulz-von-thun.de/die-modelle/das-kommunikationsquadrat#:~:text=Das%20Kommunikationsquadrat%20ist%20das%20bekannteste,ich%20auf%20vierfache%20Weise%20wirksam.

- einen **Beziehungshinweis** (was ich von dir halte und wie ich zu dir stehe) – gelb
- einen **Appell** (was ich bei dir erreichen möchte) – rot

Ausgehend von dieser Erkenntnis hat Schulz von Thun 1981 die vier Seiten einer Äußerung als Quadrat dargestellt. Die Äußerung entstammt dabei den »vier Schnäbeln« des Senders und trifft auf die »vier Ohren« des Empfängers. Sowohl Sender als auch Empfänger sind für die Qualität der Kommunikation verantwortlich, wobei die unmissverständliche Kommunikation der Idealfall ist und nicht die Regel.«

Die vier Ebenen der Kommunikation

Auf der Sachebene des Gesprächs steht die Sachinformation im Vordergrund. Hier geht es um Daten, Fakten und Sachverhalte. Dabei gelten drei Kriterien:

1. **wahr oder unwahr** (zutreffend/nichtzutreffend)
2. **relevant oder irrelevant** (Sind die aufgeführten Sachverhalte für das anstehende Thema von Belang oder nicht?)
3. **hinlänglich oder unzureichend** (Sind die angeführten Sachhinweise für das Thema ausreichend oder muss vieles andere zusätzlich bedacht werden?)

Die Herausforderung für den Sender besteht auf der **Sachebene** darin, die Sachverhalte klar und verständlich auszudrücken. Der Empfänger kann auf dem »Sachohr« entsprechend der drei Kriterien reagieren.

Für die **Selbstkundgabe** gilt: Wenn jemand etwas von sich gibt, gibt er auch etwas von sich. Jede Äußerung enthält gewollt oder unfreiwillig eine Kostprobe der Persönlichkeit – ihrer Gefühle, Werte, Eigenarten und Bedürfnisse. Dies kann explizit (als »Ich-Botschaft«) oder implizit geschehen. Während der Sender mit dem Selbstkundgabe-Schnabel implizit oder explizit, bewusst oder unbewusst, Informationen über sich preisgibt, nimmt der Empfänger diese mit dem Selbstkundgabe-Ohr auf: Was ist das für einer? Wie ist er gestimmt? Was ist mit ihm? usw.

Auf der **Beziehungsebene** gebe ich zu erkennen, wie ich zum anderen stehe und was ich von ihm halte. Diese Beziehungshinweise werden durch Formulierung, Tonfall, Mimik und Gestik vermittelt. Der Sender transportiert diese Hinweise implizit oder explizit. Der Empfänger fühlt sich durch die auf dem Beziehungsohr eingehenden Informationen wertgeschätzt oder abgelehnt, missachtet oder geachtet, respektiert oder gedemütigt.

Die Einflussnahme auf den Empfänger geschieht auf der **Appellseite**. Wenn jemand das Wort ergreift, möchte er in aller Regel etwas erreichen. Er äußert Wünsche, Appelle, Ratschläge oder Handlungsanweisungen. Die Appelle werden offen oder verdeckt gesandt. Mit dem Appell-Ohr fragt sich der Empfänger: Was soll ich jetzt (nicht) machen, denken oder fühlen?[19]

---

19   Quelle: https://www.schulz-von-thun.de/die-modelle/das-kommunikationsquadrat.

27 Mit positiven Worten kritisieren

Oder: »Wohlwollend formuliert er gern zum Schein, was er wirklich damit meint, ist oft gemein.« (Michael Hans Hahl)
Nehmen wir doch gleich das erste Wort aus meinem Zitat: »wohlwollend«. Ein Arbeitszeugnis sollte stets wohlwollend formuliert sein. Dieses Wort, ich habe es noch nie gemocht, klingt von oben herab gesprochen und möchte nicht selten das Gegenteil von dem ausdrücken, was der so Angesprochene vermutet. In diesem Wort steckt das Wort »wollen«, oftmals aber leider nicht »können«. Das Gefährliche an diesem Ausdruck ist, dass er zwei Seiten hat. Einerseits klingt es fürsorglich, kümmernd und mitfühlend. Andererseits aber auch überheblich, arrogant, vielleicht sogar kaltschnäuzig und, um es auf den Punkt zu bringen, falsch. Ich finde die Zeit des Mittelalters ist vorbei, in der ein König wohlwollend für sein Volk entschieden hat. Oder sehe ich das zu eng?

Es ist auch kein Geheimnis, dass Punkte, die »wohlwollend geprüft« werden, fast immer abgelehnt, gestrichen und nicht weiterverfolgt werden. Überprüfen ist wichtig, eine gute Sache, keine Frage. Oftmals jedoch von einem Laien ausgesprochen, der als Fachmann oder gar anerkannter Experte gelten möchte. Auch dies ist ein Begriff, der eine negative Aura auf den »Überprüften« wirft. Zu Recht könnte dieser fragen: »Wer sind Sie, dass Sie mich und meine Arbeit überprüfen?« Welche Kompetenz, welche Rechtfertigung haben diejenigen, die überprüfen? Mit diesem Wort stellt sich die eine Person über die andere und wertet sie ab. Das muss nicht immer bewusst geschehen, und ich unterstelle, dass jeder in bester Absicht gehandelt hat. Aber wie heißt es so schön: »Unwissenheit schützt vor Strafe nicht.«

Nehmen wir ein weiteres Formulierungsbeispiel: »Lassen Sie mich mal machen.« Wunderbar, endlich jemand, der mich entlastet und unterstützt. Einer, der mir hilft, während viele andere nur zuschauen und mich nur allzu gerne scheitern sehen würden. Das wäre schön, wenn es doch so wäre. Aber meistens kommt eine solche Aussage mit einer entsprechenden Betonung. Und oft geht es der helfenden Person nicht immer um die Entlastung des anderen, sondern um dessen Denunzierung. Der »Helfer« möchte nicht nur zeigen, dass er es wesentlich besser kann. Nein, er lässt den anderen dabei nicht selten inkompetent oder im Volksmund »sehr alt« aussehen.

Ein weiteres positives Wort, das in letzter Zeit nicht selten mit negativen Ereignissen zusammen erwähnt wird, lautet »Qualität«. Sicherlich haben Sie den Satz »Das hat eine besondere Qualität bekommen« schon einmal gehört. Qualität steht für mich für etwas Positives, etwas Gutes. Immer wieder wird in Gesprächen, Statements und Diskussionen das Wort »Qualität« in negative Aussagen, negative Zusammenhänge integriert. Das verwirrt mich. Vor einiger Zeit sagte eine Politikerin mit Bezug auf gewalttätige Übergriffe in einem Interview: »Was wir jetzt erleben, das hat eine neue Qualität.«

Das sind positive Worte, die für negative Aussagen, Themen oder Ereignisse genutzt werden. Was für ein Sprachwirrwarr. Sicherlich nur ein Einzelbeispiel oder am Ende doch nicht?

Möglicherweise werden einige von Ihnen anmerken, dass ich zu weit gehe mit meinen Überlegungen, das ich mich in etwas versteige. Das zeigt, wie tief die negative und manchmal sehr verletzende Kommunikation bereits in uns steckt und wie sehr sie zum täglichen Gebrauch gehört, also wie selbstverständlich sie schon geworden ist.

Um Sie hier ein wenig zu kurieren, habe ich mit einigen namhaften Kommunikationsexperten gesprochen und Sie gebeten, nicht nur über die negative Umdeutung einzelner Ausdrücke und Wendungen nachzudenken, sondern mir und Ihnen, liebe Leserinnen und Leser, einige weitere Beispiele zu nennen. Ganz viele Anregungen habe ich erhalten und eigene weitere hinzugefügt. Auch hier habe ich mir erlaubt, die zehn spannendsten Worte auszuwählen und Ihnen auf den folgenden Seiten zu präsentieren. Sicherlich haben Sie, vielleicht auch durch dieses Kapitel inspiriert, noch viele weitere solcher Bezeichnungen.

Kommunikation ist so spannend und man kann so viel damit sagen, erreichen, verändern, aber manchmal auch zerstören. Hier aber nun die Sprachbeispiele. Übrigens in keiner bestimmten Reihenfolge. Also nicht als Top 10. Denn ich würde mich freuen, wenn Sie Ihre Top-10-Liste selbst erstellen würden. Das ist doch viel spannender und hat den positiven Nebeneffekt: Sie befassen sich bewusst mit dem Thema und genau darum geht es doch in meinem Buch. Lesen – aufnehmen – und im besten Falle umsetzen.

Top 1: »ambitioniert«
Eine ambitionierte Person kann auf der einen Seite sehr erfolgreich sein. Andererseits aber auch übermäßig ehrgeizig, eigensinnig, eigenbrötlerisch oder im schlimmsten Falle gar skrupellos. Die Zuschreibung »ambitioniert« ist nur dann wirklich positiv, wenn die Person sich erlaubt, Mensch zu bleiben und Fehler zu machen. Denn Fehler im Zusammenhang mit »ambitioniert« haben schon wieder etwas Sympathisches, ja sogar Humorvolles. Und ganz ehrlich, wer kann nicht eine ordentliche Prise Humor gebrauchen oder vertragen?

Top 2: »dynamisch«
Ein dynamischer Mensch kann voller Energie und Tatendrang sein. Seine Power kann anstecken, begeistern und mitreißen. Er kann jedoch auch unkontrolliert und chaotisch wirken. Gerade diese Art von Menschentypus muss aufpassen, andere nicht zu übervorteilen, zu überfordern oder zu verletzen. Wenn er jedoch seine Power richtig einzusetzen vermag, hat er die größten Chancen, gern gesehen und gehört zu werden.

Top 3: »extrovertiert«
Eine meiner herausragenden Eigenschaften. Eine extrovertierte Person kann sehr gesellig, beliebt und gern gesehen sein. Extrovertierte Menschen gehen auf andere zu, nehmen sie mit, begeistern, gewinnen und überzeugen durch ihre positive Art und Persönlichkeit. Sie können auf der anderen Seite aber auch aufdringlich, zu laut, zu neugierig oder gar als störend empfunden werden. Manchmal sind diejenigen, die eine extrovertierte Person »ertragen« müssen, froh, wenn sie wieder geht. Wichtig ist, dass die Gabe der Extrovertiertheit vom Inhaber gut dosiert wird und sich nicht wie ein Schwall an Gequassel über sein Gegenüber ergießt. Auf den anderen Zugehen will also gelernt und gut abgestimmt sein.

Top 4: »kompetent«
Eine kompetente Person kann effektiv und effizient arbeiten. Sie arbeitet wirkungsvoll und in den meisten Fällen ist sie sich dessen ganz bewusst. Kompetente Menschen holt man sich gerne ins Unternehmen, weil sie fast auf jede Situation eine Antwort haben. Zumindest ist ihnen bewusst, wie man danach sucht und sie fast immer auch findet.

Kompetenz gepaart mit Erfahrung sind in den Firmen gern gesehen und werden auch gesucht. So weit so gut. Doch die Kehrseite, das Negative an Kompetenz wird nicht selten mit den Worten »arrogant« und »herrisch« beschrieben. Doch einmal unter uns: Kompetenz muss nichts mit Arroganz zu tun haben, auch nicht, wenn man gerade in Deutschland die beiden Eigenschaften sehr gern miteinander in Verbindung bringt. Der Spruch von Walter Fisch »Tue Gutes und sprich darüber« wird in unserem Land nicht selten abgestraft, obwohl es ganze Bücherreihen zu diesem Thema gibt. Also bitte seien Sie kompetent und sympathisch. Oder wie man im Volksmund sagt: Lassen Sie Ihre Kompetenz nicht raushängen.

Top 5: »innovativ«
Eine innovative Person kann neue und kreative Lösungen finden, sie kann nicht selten der »Retter« in höchster Not sein. Bei innovativen Menschen kommt neben den klassischen Inhalten noch die weitergedachte und nicht selten weiterentwickelte geistige Selbstständigkeit hinzu. Innovative Personen schauen auch rechts und links des Weges und gehen nicht selten Strecken fernab des Mainstreams.

Über viele Jahre bezeichneten gerade im Bewerbungsprozess die Wörter »innovativ« oder »kreativ« negative Eigenschaften. Einmal »übersetzte« mir ein gestandener Personalchef diese beiden Worte mit den Begriffen »Faule und Taugenichtse«. Innovative Menschen werden, etwas höflicher, nicht selten auch als labil und unvorhersehbar betitelt. Doch diese Labilität ist in Wahrheit eine ausgeprägte Flexibilität. Die Bezeichnung »unvorhersehbar« sehe ich eher als Prädikat an. Denn Menschen, die alles vorhersehen, können sich auch einmal irren.

Der berühmte Autor Mark Twain hatte hierzu einmal eine, wie ich finde, hervorragende Einsicht formuliert: »Menschen mit einer neuen Idee gelten so lange als Spinner, bis sich die Sache durchgesetzt hat.« In diesem Sinne, bleiben Sie innovativ und kreativ.

Top 6: »leidenschaftlich«
Was gibt es Schöneres als Leidenschaft, frage ich Sie? Eine leidenschaftliche Person kann viel Engagement und Energie mitbringen. Sie reißt nicht selten andere mit, gewinnt und begeistert sie. Mit viel Herzblut ist sie bei der Sache. Leidenschaftliche Menschen schauen nicht auf die Uhr. Sie stellen sich voll und ganz in den Dienst der Sache oder besser formuliert: Sie lieben ihren Job und gehen darin auf. Ich oute mich an dieser Stelle als leidenschaftlicher Mensch. In der Anfangszeit meiner Freiberuflichkeit 2003/2004 durfte ich eines meiner Konzepte bei einem interessierten Unternehmen pitchen. Ich muss dies mit einer solchen Leidenschaft getan haben, dass einer der Auftraggeber am Ende meiner Präsentation zu mir kam und sagte: »Ich kann mir gar nicht vorstellen, wie dies im Einzelnen ablaufen wird, aber aufgrund Ihrer Begeisterung dafür wollen wir es herausfinden. Sie bekommen den Auftrag.«

Was uns leidenschaftlichen Menschen aber auch oft angedichtet wird, ist, dass wir unbeherrscht und teilweise besessen sind. Nun, ich kann dies so gar nicht teilen. Diese beiden negativen Begriffe sind mir und sicherlich ganz vielen leidenschaftlichen Mitmenschen fremd. Vielleicht sind wir ein bisschen perfektionistisch. Aber ist diese Eigenschaft, in Vorstellungsgesprächen gern als Schwäche betitelt, wirklich eine Schwäche? Oder nicht vielmehr ein individueller Softskill? Was sagen Sie?

Top 7: »zuverlässig«
Eine zuverlässige Person kann verlässlich und verantwortungsbewusst sein. Sie ist pünktlich und man kann sich in der Regel zu 100 Prozent auf sie verlassen. Sie ist immer da, wenn's brennt oder Manpower gefordert wird. Solche Menschen möchte man gerne in seinem Team haben. Warum der Zuverlässige oftmals mit »stur« oder dem englischen Begriff »unyielding«, also starr, unnachgiebig oder auch hartnäckig beschrieben wird, entzieht sich meiner Kenntnis. Zuverlässige Menschen setzen oft dieselbe Zuverlässigkeit bei anderen voraus und werden aus diesem Grund nicht selten von anderen enttäuscht.

Top 8: »erfolgreich«
Erfolgreich sind wir alle. Es kommt immer nur darauf an, wie man Erfolg definiert. Die meisten würden wohl ganz spontan behaupten, dass eine erfolgreiche Person finanziell und beruflich sehr gut aufgestellt ist. Das mag sein, ist jedoch nicht die Top-Antwort. Erfolgreich ist für mich derjenige, der mit sich, seinem Leben und Umfeld zufrieden ist, eine Person, die auch abschalten und genießen kann. Wenn Geld und ein guter Job die Gründe dafür sind, dann ist das absolut OK. Ich kenne durch meine Arbeit jedoch viele Menschen, die die höchsten Positionen und wirklich unglaublich

hohe Gehälter bezogen haben. Einige davon haben aber ihren Erfolg mit Lebenszeit, Selbstbestimmung, Freiheit und Familienleben bezahlt. Erst kürzlich habe ich mit einem *Director HR* telefoniert, der mir sagte, dass er sich eine Auszeit nehmen wolle, um für die Familie da zu sein und mehr Zeit mit ihr zu verbringen. Wenn ich ihn nach seiner Erfolgsdefinition fragte, würde er mir wohl spontan antworten »Meine Familie«. Übrigens, bevor ich es vergesse: Erfolgreiche Menschen werden gern als egoistisch und berechnend bezeichnet. Ist das wirklich so?

Top 9: »selbstbewusst«
Selbstbewusst mit einem einnehmenden Wesen, straight und taff. Ja, so müssen Führungskräfte in den oberen Ligen sein. Führungsstark, die Richtung vorgebend, machtvoll, dominant. Das sind nur einige Eigenschaft, die in diesem Zusammenhang genannt werden. Einer meiner beruflichen Schwerpunkte ist das Coachen von Menschen, um ihr Selbstbewusstsein zu steigern und zu optimieren. Seit vielen Jahren kommen Persönlichkeiten mit diesem Thema zu mir. Selbstbewusstsein ist eine große Hilfe im heutigen Geschäftsleben. Die Mehrheit besitzt es nicht, auch wenn einige das Gegenteil behaupten würden, während sie sich aufplustern, um danach wie ein Luftballon, dem die Luft entweicht durch die Gegend zu fliegen. Mir ist es mit meinen Klienten immer sehr wichtig, dass diese ein »gesundes« Selbstbewusstsein aufbauen und sich damit auch wohlfühlen. Nur so bietet es eine verlässliche und gute Basis.

Selbstbewusst zu sein bedeutet, kontinuierlich an sich zu arbeiten. Auch ich tue dies, denn, wie heißt es so schön, »von nichts kommt nichts«. Ein Mann ist für mich das Selbstbewusstsein in Person: Dieter Rickert, einst Deutschlands erfolgreichster Headhunter, der für mein erstes Buch »Business-Erfolg mit dem Netzwerk-Code« ein wunderbares Statement geschrieben hat. Was mich an dieser Persönlichkeit ganz besonders interessiert und fasziniert hat, war die Selbstverständlichkeit, mit der er Kontakte aufnahm, telefonierte und immer wieder an der Sekretärin vorbei ins Chefzimmer durchgestellt wurde. Ich habe ihn leider nie persönlich getroffen, aber es steht auf meiner persönlichen *Bucket List*. Und wer steht auf Ihrer *Bucket List*?

Übrigens werden einem selbstbewussten Menschen nicht selten negative Eigenschaften wie Überheblichkeit und Arroganz zugeschrieben. Lassen Sie mich darauf einmal ganz ehrlich und deutlich sagen: Dies geschieht meist von denjenigen, die wenig Selbstbewusstsein haben und es dem Gegenüber neiden.

Top 10: »unabhängig«
Die Unabhängigkeit einer Person birgt viele positive Aspekte, darunter die Fähigkeit zur Selbstbestimmung, Flexibilität und Eigenverantwortung. Unabhängige Menschen können ihre eigenen Entscheidungen treffen, ihre Ziele verfolgen und ihre Lebensrichtung selbst gestalten. Dies kann zu einem gesteigerten Selbstbewusstsein und einem Gefühl der Autonomie führen.

Allerdings können auch negative Aspekte auftreten, insbesondere wenn Unabhängigkeit zum Selbstzweck wird und zu sozialer Isolation oder mangelnder Kooperationsbereitschaft führt. Hier ist es wichtig, eine ausgewogene Balance zwischen Selbstständigkeit und sozialen Beziehungen zu finden, um ein erfülltes und harmonisches Leben zu führen.

28 Verwendung verstärkender Adjektive

Oder: »Ein freundliches Wort kostet nichts, und dennoch ist es das Schönste aller Geschenke.« (Daphne du Maurier)

Wir alle machen tagtäglich wichtige, oft folgenschwere Aussagen. Und genau so sollen sie auch beim Empfänger ankommen: klar, deutlich, verständlich und vor allem »gewichtig«. Ja, wir unterstreichen die Bedeutung dessen, was wir dem anderen mitteilen möchten. Warum? Nun, weil es uns wichtig ist und unsere Meinung, die Idee dahinter, das Vorhaben, die Absicht etc. verstärkt.

Ein Wort für sich und ohne Kontext gesprochen hat kaum Aussage- und Überzeugungskraft, also fügen wir eine Prise (Mehr-)Wert und klärende Erläuterungen hinzu. Das kommt sehr gut an und wir werden als eine interessante oder bedeutende Person angesehen, akzeptiert, manchmal vielleicht sogar »geliked«.

In diesem Kapitel werde ich Ihnen, wie schon in Kapitel 1, Worte aufzeigen, die allein gelesen wenig aussagekräftig sind. Versieht man diese Worte jedoch mit einer greifbaren Zusatzbezeichnung, zum Beispiel einem aufwertenden oder differenzierenden Adjektiv, so regen sie die Vorstellungskraft an und erzeugen Bilder im Kopf. Das Unterbewusstsein stimmt zu und wir können uns das Ergebnis anhand dieses einen, entscheidenden (Zusatz-)Wortes wesentlich besser und verständlicher vorstellen.

Gerade in der überzeugenden Kommunikation, im Vertrieb, bei der Neukundenakquise und der Erklärung von Produkten und Dienstleistungen kann ein kleines Adjektiv vor der Aussage wahre Wunder bewirken. Nicht im Märchen, falls ich Sie jetzt ein wenig verzaubert habe. Nein, in der Realität, im täglichen Miteinander in unserem *Daily-Business*. Aber lesen und entscheiden Sie selbst. Vor allem aber: Probieren Sie es gerne aus. Ich bin fest davon überzeugt, dass Ihnen noch viele weitere und bessere Bezeichnungen einfallen.

Hier also einige Beispiele aus meiner täglichen Arbeit. Versuchen wir einmal, diese Worte mit positiven Adjektiven aufzuwerten, sie zu »pimpen«. Das macht Spaß und fördert die fokussierte und wirkungsvolle Kommunikation:

Beispiele für die Arbeit von Adjektiven

- Akzeptanz: Selbstakzeptanz, uneingeschränkte Akzeptanz, volle Akzeptanz
- Anerkennung: höchste Anerkennung, verdiente Anerkennung, erarbeitete Anerkennung
- Berater: strategischer Berater, ausgezeichneter Berater, visionärer Berater
- Bereitschaft: volle Bereitschaft, unermüdliche Bereitschaft, proaktive Bereitschaft
- Durchführung: meisterhafte Durchführung, vollkommen gelungene Durchführung
- Erfolg: triumphaler Erfolg, großartiger Erfolg, höchster Erfolg

- Ergebnis: traumhaftes Ergebnis, absolut verdientes Ergebnis
- Erkenntnis: tiefgreifende Erkenntnis, wichtige Erkenntnis, wertvolle Erkenntnis
- Fokussierung: präzise Fokussierung, hochkonzentrierte Fokussierung
- Gesprächspartner: empathischer Gesprächspartner, geschätzter Gesprächspartner
- Kollege: kollaborativer Kollege, verlässlicher Kollege, verbindlicher Kollege
- Mehrwert: echter Mehrwert, nachhaltiger Mehrwert, transformierender Mehrwert
- Miteinander: harmonisches Miteinander, partnerschaftliches Miteinander
- Planung: strategische Planung, erfolgreiche Planung, weitblickende Planung
- Respekt: gegenseitiger Respekt, aufrichtiger Respekt, ehrlicher Respekt
- Trennung: faire Trennung, einvernehmliche Trennung, respektvolle Trennung
- Verbindlichkeit: verlässliche Verbindlichkeit, verantwortliche Verbindlichkeit
- Veränderung: spürbare Veränderung, erfolgreiche Veränderung, wichtige Veränderung
- Vertrauen: volles Vertrauen, fundiertes Vertrauen, uneingeschränktes Vertrauen
- Vorbereitung: sorgfältige Vorbereitung, überlegte Vorbereitung, gezielte Vorbereitung
- Vorhaben: ambitioniertes Vorhaben, gewagtes Vorhaben, vorbereitetes Vorhaben
- Wege: innovative Wege, durchdachte Wege, geplante Wege
- Weitblick: zukunftsorientierter Weitblick, klarer Weitblick
- Wertschätzung: herzliche Wertschätzung, ehrliche Wertschätzung, gelebte Wertschätzung
- Zielsetzung: fokussierte Zielsetzung, starke Zielsetzung, präzise Zielsetzung
- Herausforderung: transformative Herausforderung, echte Herausforderung
- Verantwortung: handgreifliche Verantwortung (nach Lee Iacocca), große Verantwortung

Mein Fazit

In der heutigen Business-Kommunikation ist es von entscheidender Bedeutung, verstärkende Adjektive gezielt einzusetzen bzw. sie den zentralen Begriffen voranzustellen, um eine tiefergehende, emotionale Verbindung und (Be-)Wertung zu schaffen. Diese Sprachanwendung vermittelt nicht nur Klarheit, sondern auch eine Wertschätzung für die Feinheiten und Bedeutungen, die mit den Begriffen verbunden sind. Es ermöglicht eine präzise, inspirierende und zielgerichtete Kommunikation, die nicht nur effektiver ist, sondern auch die Tiefe der zwischenmenschlichen Beziehungen widerspiegelt. In einer Welt, in der die Qualität der Kommunikation einen Unterschied macht, bietet die Verwendung verstärkender Adjektive einen unschätzbaren Vorteil für den Erfolg und die Entwicklung auf persönlicher und beruflicher Ebene.

Sie werden erstaunt sein, was ein ergänzendes, mit Verstand gewähltes Adjektiv im anderen bewirken kann. Setzen wir also unserer Bequemlichkeit der kurzen und knappen Bezeichnungen genau hier und jetzt ein Ende. Sind Sie dabei?

29 Keine Antwort ist auch eine Antwort

Oder: »Ein klares Nein zu anderen ist ein ehrliches Ja zu sich selbst.« (Warren Buffett)
Wenn ein Unternehmen Fragen von seinen Kunden, Partnern oder der Öffentlichkeit nicht beantwortet, kann dies zu einer Vielzahl von negativen Konsequenzen führen. So kann es zum Beispiel dazu kommen, dass das Vertrauen in das Unternehmen abnimmt, da die Öffentlichkeit das Gefühl hat, dass das Unternehmen etwas zu verbergen hat. Auch kann es zu schlechter Publicity und zu einem schlechten Ruf führen, was wiederum darin enden kann, dass Kunden und Partner das Unternehmen meiden oder gar verlassen. Ebenso kann das Unternehmen in rechtliche Schwierigkeiten geraten, wenn es zum Beispiel gesetzlich verpflichtet ist, bestimmte Informationen offenzulegen.

Den Luxus, auf gezielte, ernstgemeinte Fragen nicht zu antworten, kann sich meiner Meinung nach niemand leisten, weil es in vielen Situationen notwendig ist, zum »guten Ton« gehört, aber vor allem Wertschätzung und Respekt ausdrückt, auf Fragen und Anfragen zu antworten. Nicht nur um erfolgreich zu sein oder Probleme zu lösen, sondern vielmehr, um Anstand zu wahren und vor allem zu zeigen. Es ist wichtig, verantwortungsvoll und zeitnah zu antworten, um einen positiven Eindruck zu hinterlassen.

Auf Fragen nicht zu antworten ist unhöflich, weil es dazu führen kann, dass der Fragesteller sich nicht wahrgenommen oder nicht ernst genommen fühlt. Es kann auch dazu führen, dass der Fragesteller das Gefühl hat, dass seine Fragen dem Unternehmen unwichtig sind. Daher ist es wesentlich, Fragen so schnell und so gut wie möglich zu beantworten, um eine positive Interaktion zu gewährleisten.

Ich habe mir erlaubt, explizit für mein Buch unter meinen Klienten nachzufragen, und möchte Ihnen eine Top-10- oder eher »Flop-10-Liste« vorstellen, die die möglichen negativen Konsequenzen und Auswirkungen aufzeigt, die es haben kann, wenn Fragen nicht beantwortet werden:

1. Fehlinterpretationen oder Missverständnisse
Fehlende Antworten können zu falschen Schlussfolgerungen führen, da Informationen nicht klar kommuniziert werden. Die Gedanken sind ja frei, gehen jedoch auch einmal in eine ganz andere Richtung, als vom »Absender« gewünscht. Spekulationen werden hierdurch nicht selten Tür und Tor geöffnet.

2. Verlust von Vertrauen oder Glaubwürdigkeit
Ein Mangel an Kommunikation kann das Vertrauen von Kunden oder Partnern untergraben und die Glaubwürdigkeit des Unternehmens beeinträchtigen. Vertrauen ist ein

hart erarbeitetes Gut, dass, einmal verloren, nur sehr schwer und langwierig zurückzuerlangen ist. Wenn überhaupt.

3. Verschwendung von Zeit und Ressourcen
Unbeantwortete Fragen führen zu wiederholten Anfragen und verursachen Zeit- und Ressourcenverluste für alle Beteiligten. Mit jeder zusätzlichen Nachricht, mit jeder Erinnerung, steigt die Unzufriedenheit des Absenders und sinkt die Anerkennung des Empfängers.

4. Versäumnis von Gelegenheiten oder Chancen
Durch das Ignorieren von Fragen und Nachrichten könnten Sie potenzielle Chancen oder Geschäftsangebote verpassen. Mir ist bewusst, dass wir tagtäglich mit Werbung »zugemüllt« werden. Jedoch möchte ich davor warnen, alle Nachrichten über einen Kamm zu scheren. Hier halte ich es wie Henry Ford, der einst sagte: »Ich prüfe jedes Angebot, es könnte das Angebot meines Lebens sein.« Und bitte hören Sie auf mit der »Ich habe keine Zeit«-Ausrede. Wenn Sie keine Zeit für eine Überprüfung, eine kleine Nachricht oder einen kurzen Austausch haben, dann schlage ich Ihnen vor, sich von den sozialen Business-Plattformen abzumelden und Ihren Job zu überdenken, ihn mindestens jedoch neu zu organisieren.

5. Konflikte oder Spannungen in Beziehungen
Nichtbeantwortete Fragen können zu Unzufriedenheit und Konflikten mit Kunden, Mitarbeitern oder Partnern führen. Wie schwer es ist, eine gute (Kunden-)Beziehung aufzubauen, muss ich Ihnen sicherlich nicht erläutern. Wenn zu solchen Beziehungen noch Spannungen hinzukommen, rücken eine harmonische Zusammenarbeit und ein harmonisches Miteinander in weite Ferne.

6. Unzufriedenheit oder Frustration unter den Beteiligten
Das Ignorieren von Anfragen kann Frustration und Unzufriedenheit bei Kunden, Interessenten oder Teammitgliedern verursachen. Unzufriedenheit in der Kommunikation ist sehr schädlich. Unzufriedenheit im Business und dem täglichen Geschäft ist wie ein Funke, der sich zu einem Flächenbrand ausweiten kann. Das Feuer dann zu löschen und alles wieder aufzubauen – viel Erfolg dabei.

7. Fehler oder Probleme in Entscheidungen oder Aktionen
Mangelnde Kommunikation kann zu Fehlern bei Entscheidungen oder Handlungen führen, da wichtige Informationen fehlen. »Wie Du es machst, ist es verkehrt.« Sie kennen den Satz und Sie kennen die Folgen, wenn ohne klare Absprache damit begonnen wird, etwas aufzubauen, um es später möglicherweise wieder abzubauen, nein einzureißen.

8. Verlust von Geschäft oder Kunden
Kunden könnten aufgrund mangelnder Reaktion zu Wettbewerbern wechseln, was zu einem Verlust von Geschäft oder Kunden führt. Können Sie es sich leisten, Kunden oder die, die es noch werden wollen, zu verlieren? Ich denke, nein, oder liege ich da falsch?

9. Verletzung von Gesetzen oder Vorschriften
Das Ignorieren etwa von Anfragen kann zu rechtlichen Problemen und Verletzungen von Gesetzen oder Vorschriften führen. In einer Zeit, in der mit dem Handy fast alles mitgefilmt wird, um es irgendwo im Netz zu platzieren, kann nur »Vorsicht!« der beste Rat sein.

10. Schäden an der Reputation
Das Nichtbeantworten von Fragen kann den Ruf des Unternehmens schädigen und langfristige Auswirkungen auf die Reputation haben. »Ist der Ruf erst ruiniert …« Sie kennen diesen Spruch. Einen guten Ruf aufzubauen, dauert ewig, ihn zu verlieren, nur kurze Zeit.

Bitte, sehen Sie mich nicht als Schwarzmaler. Für mich jedoch gehört es zum »guten Ton« und vor allem zum Respekt und zur Wertschätzung des Gegenübers, sachliche Fragen, Nachrichten, Bitten, Vorschläge etc. zu beantworten. Ich selbst tue dies auch dann, wenn mir wenig Respekt entgegengebracht wird, wie ich mit der folgenden Anekdote zeigen möchte.

> **Das »Kleiner Finger – ganze Hand«-Phänomen**
>
> Vor vielen Jahren hatte mich ein ehemaliger Klient über mein Profil auf einer Business-Plattform angeschrieben. Ich biete übrigens jedem meiner ehemaligen Klienten, Teilnehmern und Lesern an, sich mit mir auf den gängigen Plattformen zu vernetzen. Weiterhin mache ich stets das Angebot, mich bei einer Frage gerne zu kontaktieren. Das funktioniert sehr gut und die Arbeit hält sich in der Regel in Grenzen.
>
> An diesem Tag schrieb mir dieser Kontakt und bat mich darum, ihm eine Frage bezüglich eines Bewerbungsprozesses zu beantworten. Ich tat dies gern und schrieb ihm meine Antwort zeitnah zurück. Es verging ca. eine Stunde, da erhielt ich eine neue Nachricht von ihm, diesmal über meinen E-Mail-Account. Der Text lautete so: »Bis heute Mittag spätestens 14:00 Uhr benötige ich die Antworten auf die folgenden fünf Fragen.«
>
> Ich war sehr überrascht. Zum einen über den Ton, dann über das Zeitfenster und nicht zuletzt über die Vielzahl der Fragen, zu deren Beantwortung ich etwas hätte recherchieren müssen. Sicherlich kennen Sie das »Kleiner Finger – ganze Hand«-Phänomen, das hier eindeutig Anwendung fand.
>
> Ehrlicherweise war ich ein wenig verschnupft. Nicht weil man mir fünf Fragen stellte, sondern wegen der Art, wie man es tat. Auch fand ich es unverschämt, einfach so über meine Zeit zu verfügen. Glaubte die Person, dass ich mir die Antworten einfach aus dem Ärmel

schütteln könnte, oder gehörte sie zu denjenigen, die ich in Kapitel 2 bereits unter der Überschrift »Haben Sie mal ne Minute?« beschrieben hatte?

Ich atmete kurz durch und schrieb, dass ich gern die Fragen beantworten würde, auch in der geforderten Zeit. Zusätzlich fügte ich eine Kostennote für diese Tätigkeit an und bat um eine Blitzüberweisung. Damit habe ich den Druck auf mein Gegenüber zurückgegeben. Denn er hätte sofort zwei Entscheidungen treffen müssen. Erstens, die Kostennote zu akzeptieren, und zweitens, den Betrag sofort zu überweisen.

Ich löse gern auf: Er hat beides nicht getan und ich habe nie wieder etwas von ihm gehört. Sicherlich waren die Fragen dann doch nicht so wichtig oder er konnte sie letztendlich selbst beantworten. Wenn sich nur alles immer so schnell erledigen würde.

Meine Empfehlung

Nutzen Sie die Macht von Stille und Unausgesprochenem, um erfolgreich zu sein. In unserer Welt der ständigen Erreichbarkeit und Kommunikation ist es leicht zu vergessen, dass Schweigen oft genauso aussagekräftig sein kann wie Worte. »Keine Antwort ist auch eine Antwort« ist eine wichtige Lektion, die wir im Geschäftsleben lernen müssen. Es zeigt, dass manchmal die Stille mehr sagt als tausend Worte. Diese Erkenntnis erfordert ein tiefes Verständnis für zwischenmenschliche Dynamiken und die Fähigkeit, subtile Signale zu erkennen und zu interpretieren. Durch die Anerkennung dieser Realität können wir lernen, die Macht der nonverbalen Kommunikation zu nutzen, um effektiver zu kommunizieren und unsere Ziele zu erreichen. Denken Sie daran: Manchmal ist es nicht das, was gesagt wird, sondern das, was unausgesprochen bleibt, das den größten Einfluss hat. Und wenn Sie nichts hören, wissen Sie woran Sie sind. Eigentlich ganz praktisch, nicht zu antworten, oder?

30 Was Karl May mit unseren Werten zu tun hat

Oder: »Höflichkeit ist die Blüte der Menschlichkeit. Wer nicht höflich genug ist, ist auch nicht genug menschlich.« (Joseph Joubert)
Es ist der 27. Juni 2010. Ich halte einen Vortrag in Köln, eingeladen durch einen Business-Club in der Veranstaltungsreihe: »Kaminzimmergespräche«. Mein damaliges Thema, das mich bis heute begleitet, auch in diesem Buch zu finden ist und mein Handeln bis heute bestimmt, lautet: »Werte«. Der Titel meiner Speech lautete: »Werte – früher wertvoll, heute wertlos?«

Der Raum hatte ein edeles und elegantes Ambiente und das Publikum war hochkarätig. Ich war beeindruckt und fühlte mich geehrt. Um die Gäste zu animieren und eine gewisse Spannung aufzubauen, begann ich nach Begrüßung und Vorstellung mit einer Frage an die geladenen Gäste. »Darf ich Sie herzlich einladen mitzuraten? Wir suchen einen Menschen, der zu seiner Zeit für die damaligen Werte unseres Landes stand. Das Kuriose dabei ist, dass dieser Mensch sogar ein mehrfach verurteilter Straftäter war. Ich bin mir sicher, Sie kennen ihn alle.« Nach dem ich fertig war, sah ich in den Gesichtern meines Publikums viele Fragezeichen. Ein Teilnehmer sagte: »Ein Straftäter, der für Deutschlands Werte stand. Gibt es denn so einen Menschen?«

Niemand aus dem Publikum erriet die gesuchte Person. Es war Karl May. Jener Autor von spannenden Abenteuerromanen, die nicht nur ganze Generationen in seinen Bann zogen, sondern auch in unzähligen Sprachen übersetzt wurden. Karl May hat bis heute einen festen Platz in den Köpfen und Herzen der Menschen. Sie erinnern sich vielleicht an die kontroversen Diskussionen über seine Winnetou-Bücher. Diese Bücher und auch ihre Verfilmungen haben meine Generation begeistert und eine andere verwirrt.

Für welche Werte stand Karl May? Welche Werte vermitteln Karl Mays Werke? Auf diese Frage antwortete Lothar Schmid, der Sohn des Verlagsgründers Euchar Albrecht Schmid, der Karl May noch persönlich gekannt hat, mit folgenden Worten:

> »Ehrlichkeit, Standhaftigkeit, Treue – Treue gegenüber Menschen, Freunden, aber auch zu den eigenen Werten und Grundsätzen. Bei Karl May ist ja nicht alles rosarot gemalt; es gibt Verrat, Verbrechen und Lüge. Aber auch in größter Not verlieren seine Helden nicht den Glauben an ihre moralischen Überzeugungen und das Vertrauen in eine höhere Gerechtigkeit. Diese innere Stärke gehört zu seinen ganz wichtigen Botschaften. Daneben zeigt er immer wieder den Triumph der Überlegung, der Cleverness über die rohe Gewalt. Und nicht zu vergessen sein Beitrag zur Völkerverständigung: Er versteht es, Interesse

für das Leben der Menschen in anderen Ländern und Kulturen zu erwecken, und das ist der erste entscheidende Schritt zum Verständnis. Er zeigt, wie nahe und menschlich ähnlich auch die ›Fremden‹ uns doch letztlich sind, wo auch immer auf dem Erdkreis sie leben.«[20]

Es war ein wunderbarer Abend mit spannenden Gästen und hervorragenden Gesprächen über die Wertekultur in Deutschland. Ich erinnere mich noch heute sehr gern daran. Es war beeindruckend, dass allen anwesenden Besucherinnen und Besucher das Thema »Werte« so wichtig erschien. Jeder hatte etwas beizutragen und so wurden Geschichten, Erlebnisse und Situationen ausgetauscht und intensiv besprochen. Tiefsinnig, fordernd, mahnend und in die Zukunft blickend.

Wenn ich in meinem Buch über Kommunikation schreibe, so darf das Thema Werte keinesfalls fehlen. Ganz im Gegenteil, genau betrachtet müsste man ein eigenes Buch nur darüber schreiben. Ein Thema, das jeder kennt, befürwortet und manchmal regelrecht wie eine Monstranz vor sich (und sein Unternehmen) herträgt. Ein Schild zum Schutz des Ertappten, der sich zu rechtfertigen sucht, da er Werte und die Bindung an diese, nicht selten sehr großzügig für sich auslegt. Jedoch mehr als kleinlich bei anderen ist. Das habe ich selbst erlebt und Sie sicherlich ebenso.

Werte. Wenn ich Menschen frage, ob ihnen Werte wichtig sind, wird sicherlich der überwiegende Teil mit »Ja« antworten. Wenn man jedoch die Personen bittet, einmal ihre fünf wichtigsten Werte aufzuzählen, dann wird es schon viel schwieriger. Wenn man nun noch darum bittet, die persönlichen Werte zu beschreiben, ihnen also einen individuellen Sinn, quasi eine Stimme zu geben, dann erlebt man nicht selten verwunderliche Aussagen.

Mit fünf Fragen einer Sache auf den Grund gehen
Mit fünf Fragen kann man einer Sache auf den Grund gehen. Dieser Weg, den ich oft mit meinen Klienten vorstelle und mit ihnen gehe, habe ich ursprünglich von der »5-Why-Methode« des Toyota-Gründers Sakichi Toyoda abgeleitet. Es ist ganz einfach, aber sehr wirkungsvoll. Das folgende Beispiel zeigt, wie Unternehmen durch die Anwendung der 5-Why-Methode ihre Probleme lösen und ihr Geschäft transformieren können.

> **Die 5-Why-Methode**
>
> Nehmen wir an, ein Produktionsunternehmen erlebt einen Anstieg von Produktionsfehlern in einer bestimmten Abteilung. Mithilfe der 5-Why-Methode lässt sich das Problem analysieren:
>
> **Why 1: Warum treten vermehrt Produktionsfehler auf?**
> Weil die Maschinen in dieser Abteilung unregelmäßig gewartet werden.

---

20 Quelle: https://www.stern.de/kultur/buecher/karl-may-verleger-lothar-schmid-als-buecher-noch-werte-vermittelten-3093358.html.

Why 2: Warum werden die Maschinen unregelmäßig gewartet?
Weil das Wartungspersonal überlastet ist und keine klaren Prioritäten gesetzt werden.

Why 3: Warum ist das Wartungspersonal überlastet?
Weil die Arbeitslast nicht angemessen verteilt ist und es an effektivem Ressourcenmanagement fehlt.

Why 4: Warum ist die Arbeitslast nicht angemessen verteilt?
Weil es kein effektives System zur Überwachung der Arbeitsbelastung und zur rechtzeitigen Umverteilung von Ressourcen gibt.

Why 5: Warum gibt es kein effektives System zur Überwachung der Arbeitsbelastung und Ressourcenverteilung?
Weil es bisher keine Investitionen in die Entwicklung und Implementierung eines solchen Systems gegeben hat, da andere Bereiche als Priorität angesehen wurden.

Indem das Unternehmen die **5-Why-Methode** anwendet, gelingt es, die tiefer liegenden Ursachen für die Produktionsfehler zu identifizieren. Dies ermöglicht es, nicht nur Symptome zu behandeln, sondern langfristige Lösungen zu implementieren, um die Effizienz und Qualität in der Produktion zu verbessern.

Werte und die Wertschätzung des Gegenübers sind für mich notwendige Bestandteile eines guten Gesprächs, in dem sich beide Seiten respektieren und anerkennen. Ein Gespräch, in dem es um Lösungen geht und nicht darum, wer in der Hierarchie das Sagen hat. Denn »Diktatoren«, so nenne ich diese Menschen gerne, kennen keine Werte. Höchstens ihre eigenen und die sollte man keinesfalls mit dem Wort Werte beschreiben. Eher handelt es sich um Egoismus und Respektlosigkeit gepaart mit Arroganz bis hin zur Verachtung. Beispiele für solche Personen gibt es genügend.

Mein Fazit

Wer kommuniziert, der sollte sich an festen Werten orientieren und die des anderen anerkennen. Er sollte diese Werte mit Leben füllen. Einer der entscheidenden Werte ist Akzeptanz und genau diese Akzeptanz sollte Grundlage eines jeden Gesprächs sein und die Basis allen Denkens.

31 Ungefragtes Feedback

Oder: »Einmal entsandt, fliegt das Wort unwiderruflich dahin.« (Horaz)
Wir alle kennen die Besserwisser, die es natürlich mit ihrem Feedback oder ihren Korrekturhinweisen »nur gut« meinen. Muss man denn unbedingt ungefragt zu allem seinen Senf dazugeben? Dieses Lehrmeister-Gehabe nervt schon ganz ordentlich. Ein lieber Kollege von mir hat einmal eine schöne Formulierung dazu gefunden »rumchefen«. Also sich mit seiner Aussage in den Vordergrund spielen, um allen zu zeigen, dass man selbst der Experte ist.

Aber was ärgert denn so viele Menschen an ungefragtem Feedback? Was macht sie wütend? Seit vielen Jahren beschäftige ich mich unter anderem mit der Kommunikationspsychologie. In zahlreichen Gesprächen mit »Tätern« und »Betroffenen« habe ich die Auswirkungen von ungefragtem Feedback und die Gründe dafür beleuchtet. Grundsätzlich: Ungefragtes Feedback bezieht sich auf Kommentare, Ratschläge oder Meinungsäußerungen, die unaufgefordert einer anderen Person erteilt werden. Es gibt verschiedene Aspekte, die Menschen an ungefragtem Feedback ärgern und sie wütend machen können. In diesem Kapitel habe ich meine Ergebnisse für Sie zusammengefasst.

Verletzung der Privatsphäre
Ungefragtes Feedback greift oft in die Privatsphäre einer Person ein. Menschen fühlen sich möglicherweise unwohl, wenn andere unerwünschterweise Einblick in ihre persönlichen Angelegenheiten nehmen und dann ungebetene Kommentare dazu abgeben. Dies wird nicht selten als respektlos und grenzüberschreitend wahrgenommen.

31 Ungefragtes Feedback

»Gesegnet seien jene, die nichts zu sagen haben und den Mund halten.« (Oscar Wilde)

Mangelnde Autonomie
Ungefragtes Feedback nimmt den Menschen die Kontrolle über ihre eigene Erfahrung und Entscheidungsfindung. Es untergräbt ihre Autonomie und lässt sie spüren, dass andere ihre Gedanken und Handlungen beurteilen oder bestimmen wollen. Dies kann zu Ärger und Wut führen, da Menschen das Recht haben (wollen), selbst über ihr Leben zu entscheiden.

Unangemessene Bewertung
Oftmals wird ungefragtes Feedback als negativ oder kritisierend wahrgenommen. Menschen können sich unfair beurteilt oder sogar verurteilt fühlen. Insbesondere wenn das Feedback von jemandem kommt, der keine umfassende Kenntnis oder Autorität in dem betreffenden Bereich hat. Das Gefühl der Ungerechtigkeit kann starke negative Emotionen hervorrufen. Dieser Punkt beschreibt die häufigsten Situationen des ungefragten Feedbacks.

Fehlendes Einfühlungsvermögen
Hier zeigt sich oftmals, dass die Person, die ungefragt Feedback gibt, nicht in der Lage ist, sich in die Situation der anderen Person zu versetzen oder ihre Bedürfnisse und Gefühle zu verstehen. Dies zeigt einen Mangel an Empathie, was wiederum nicht selten Ärger oder Wut bei den Betroffenen auslöst.

Missachtung persönlicher Grenzen
Wenn jemand ungefragt Feedback gibt, ohne die persönlichen Grenzen des anderen zu respektieren, kann dies als übergriffig empfunden werden. Jeder Mensch hat das Recht auf seine eigenen Meinungen und Entscheidungen, und wenn diese nicht respektiert werden, kann dies zu starken negativen Reaktionen führen.

Wechseln wir einmal die Perspektive und fragen uns, wer dazu neigt, ungefragt Kommentare abzugeben. Es gibt hier keine fest definierte Gruppe von Menschen. Jedoch gibt es einige Merkmale oder Verhaltensweisen, die häufig bei Personen auftreten, die ungefragtes Feedback geben. Hier einige Beispiele:

Kontrollbedürfnis
Menschen, die ein starkes Bedürfnis haben, Kontrolle über andere auszuüben oder ihre Meinungen und Handlungen zu beeinflussen, neigen meiner Erfahrung nach stärker dazu, ungefragt Kommentare abzugeben als andere. Dies kann auf Unsicherheit oder ein geringes Selbstwertgefühl zurückzuführen sein. Ich wünsche Ihnen niemals solch einen Chef, denn eine konstruktive und erfüllende Arbeit mit diesem Vorgesetzten ist nahezu unmöglich.

Mangelnde soziale Sensibilität
Manche Menschen sind weniger sensibel für soziale Signale oder haben Schwierigkeiten, die Grenzen anderer zu erkennen. Sie können die Auswirkungen ihres ungefragten Feedbacks nicht angemessen einschätzen und glauben möglicherweise, dass sie anderen helfen oder ihre Perspektive erweitern. Das ist nicht selten sehr egoistisch und stößt Menschen vor den Kopf.

Übermäßige Selbstwichtigkeit
Personen mit einem übermäßig starken Bedürfnis nach Aufmerksamkeit oder dem Glauben, dass sie intellektuell überlegen sind, können dazu neigen, ungefragt ihre Kommentare abzugeben. Sie halten ihre eigenen Gedanken und Ansichten für äußerst wichtig und nehmen wenig Rücksicht auf die Bedürfnisse oder Meinungen anderer. Der klassische Narzisst in Person. Ich hatte einmal einen solchen Chef und er hielt sich auch noch für besonders witzig. Nur leider war er der Einzige, der über seine zumeist unpassenden und oftmals verletzenden »Jokes« lachen konnte.

Mir ist es jedoch sehr wichtig darauf hinzuweisen, dass nicht alle Personen, die ungefragt Feedback geben, böswillig handeln oder negative Absichten haben. Manche Menschen glauben tatsächlich, dass sie anderen helfen oder wertvolle Informationen weitergeben. Dennoch ist es entscheidend, dass Menschen lernen, die Bedürfnisse und Grenzen anderer zu respektieren und nachzufragen, ob ihr Feedback willkommen ist, bevor sie es weitergeben.

Insgesamt führt ungefragtes Feedback oft zu Ärger und Wut, da es die Privatsphäre verletzt, die Autonomie untergräbt, negative Bewertungen enthält, Empathie und Einfühlungsvermögen vermissen lässt und persönliche Grenzen missachtet. Indem wir uns bewusst werden, wie unser Feedback auf andere wirkt, und indem wir gelernt haben, nachzufragen, ob es gewünscht ist, gelangen wir zu einer respektvolleren und harmonischeren Kommunikation.

»Ich hätte mir gewünscht«
Feedback kann helfen, unterstützen, einen weiterbringen. Die meisten Menschen sind dankbar für ein Feedback. Aber bitte fragen Sie vorher, ob es erwünscht und angebracht ist. In diesem Zusammenhang fällt mir eine Aussage ein, die ich oft in Workshops, Feedbackrunden oder Diskussionen gehört habe. Lassen Sie mich ganz ehrlich sein, ich mag diese Formulierung nicht besonders, obwohl sie in unserem heutigen Business üblich ist. Der Satz lautet: »Ich hätte mir gewünscht, dass ...« Inspiration trifft auf persönliche Vorgaben. Anstatt direkt einen Vorschlag zu unterbreiten, eine Anregung zu geben oder dem Redner dabei zu helfen, zum Beispiel eine Klippe zu umschiffen, kommt diese Aussage erst, *nachdem* alles vorbei ist und ich nichts mehr ändern und ergänzen kann. Übrigens stört mich das Wort »gewünscht«, wie Sie sicherlich schon vermutet haben. Ich mag das Wort in diesem Zusammenhang nicht, nehme

es jedoch zum Anlass, einige ähnliche Beispiele hier anzufügen. Bitte verstehen Sie mich in diesem Zusammenhang nicht falsch. »Ich hätte mir gewünscht« ist keine per se schlechte, verletzende Formulierung und ich verteufle niemanden, der sie wählt. Sie ist oft einfach nur ärgerlich und kommt, wie bereits beschrieben, häufig zu spät. Denn oft steckt hinter dieser Formulierung der eigentliche Satz »Das hat mir nicht gefallen« oder höflicher »Das hat mir gefehlt«.

Hier nun einige weitere Beispiele. Ich habe mit Experten, erfahrenen Trainern, Coaches und Speakern eine Liste von neun solcher Aussagen für Sie zusammengestellt:

»Ich insistiere«
Diese Formulierung wird gerne von Vorgesetzten gebraucht. Sie klingt sehr elegant, höflich und gebildet, bedeutet aber: »Ich bestehe darauf, dass dieser und jener Punkt aufgeführt, geändert oder gar gestrichen wird.« Sie drückt eine starke Überzeugung oder Entschlossenheit aus. Diese Formulierung wird normalerweise in Situationen verwendet, in denen jemand seine Meinung oder Forderung klar und entschieden kommunizieren möchte. Der Sprecher möchte diktieren, was Sie zu tun haben.

»Ich kenne das (ganz) anders.«
Es könnte als ärgerlich oder negativ empfunden werden, dass die Person behauptet, eine andere Perspektive zu haben, ohne weitere Informationen oder Details anzugeben. Dies kann als unhöflich oder herablassend wahrgenommen werden, da es impliziert, dass die andere Person falsch liegt, ohne dass ihre Meinung oder Erfahrung angemessen zu berücksichtigt worden ist. Es kann eine konstruktive Diskussion beeinträchtigen, wenn keine weitere Erklärung oder Begründung für den Standpunkt gegeben wird.

»Das ist so nicht richtig.«
Zur Deeskalation eignet sich dieser Satz ganz und gar nicht. Ich möchte darauf hinweisen, dass die Äußerung von einem Gesprächspartner möglicherweise als negativ oder ärgerlich empfunden wird, da er eine kritische oder korrigierende Aussage enthält, die den Empfänger oder seine Meinung infrage stellt. Der Ton der Aussage könnte als überheblich oder herablassend empfunden werden, da sie die Behauptung des Gesprächspartners direkt ablehnt, ohne eine alternative Perspektive anzubieten oder konstruktive Kritik zu äußern.

»Ich verstehe den Sinn dahinter nicht.«
Der Satz zeigt möglicherweise eine gewisse Ignoranz oder Verschließung gegenüber neuen Ideen oder Perspektiven. Die Formulierung könnte auch darauf hindeuten, dass die Person nicht bereit ist, die Gründe oder den Wert einer bestimmten Sache zu erkennen oder zu akzeptieren.

»Das müssen Sie uns allen noch einmal genauer erklären.«
Dieser Satz könnte als herausfordernd oder herablassend wahrgenommen werden, da er impliziert, dass die vorherige Erklärung des Gesprächspartners unzureichend oder unverständlich war und der Sprecher eine erneute Erklärung für alle abgeben muss. Dies könnte zu Frustration oder Ärger bei den Gesprächsteilnehmern führen, da sie möglicherweise das Gefühl haben, dass ihre Intelligenz in Frage gestellt wird oder der Sprecher ihre Zeit verschwendet.

»Ich kann damit gar nichts anfangen.«
Lassen Sie mich betonen, dass die Aussage »Ich kann damit gar nichts anfangen« einen negativen und ärgerlichen Aspekt aufweist, da sie die Ablehnung oder Unfähigkeit einer Person zum Ausdruck bringt, mit etwas umzugehen oder etwas zu verstehen. Es könnte frustrierend sein, wenn man bemüht ist, Sachverhalte zu erklären, und die Reaktion darauf negativ ist. Darüber hinaus kann dieser Satz auch als mangelndes Interesse oder fehlende Offenheit gegenüber Neuem interpretiert werden.

»Zu diesem Thema haben Sie jetzt aber gar nichts gesagt.«
Kommunikation nimmt einen zentralen Platz in unserem täglichen Lebens ein. Jeder Satz oder Kommentar kann verschiedene Aspekte enthalten, die unterschiedlich interpretiert werden können. Eine klare und präzise Kommunikation ist wichtig, um Missverständnisse zu vermeiden und effektiv zu kommunizieren. Es ist von Vorteil, sich auf die Inhalte zu konzentrieren und möglicherweise anerkennende oder konstruktive Rückmeldungen zu geben, um den Dialog weiterzuführen und eine positive Atmosphäre zu schaffen.

»Ich habe heute nichts Neues erfahren.«
Der Satz drückt eine gewisse Frustration und Enttäuschung aus, da die Person keine neuen Erkenntnisse oder Informationen gewonnen hat. Es könnte frustrierend sein, wenn man Zeit und Mühe investiert hat, um etwas Neues zu lernen, aber letztendlich erfolglos geblieben ist. Die Aussage impliziert eine Stagnation oder einen Stillstand in Bezug auf persönliches Wachstum oder intellektuelle Bereicherung. Das Gefühl, nichts Neues gelernt zu haben, kann ein Gefühl der Unzufriedenheit oder Langeweile hervorrufen, da wir als Menschen oft den Drang haben, uns weiterzuentwickeln und unsere Kenntnisse zu erweitern.

Darüber hinaus könnte die Aussage auch eine gewisse Frustration darüber signalisieren, dass die Person in ihrem aktuellen Umfeld keine inspirierenden oder bereichernden Erfahrungen gemacht hat. Es könnte bedeuten, dass sie nicht genügend Gelegenheiten hatte, neue Dinge zu entdecken oder sich intellektuell herauszufordern, was zu einer gewissen Unzufriedenheit führen kann.

»Ich bin ein bisschen enttäuscht.«
Der Satz drückt aus, dass eine Erwartung nicht erfüllt wurde. Dies kann frustrierend sein, da man sich möglicherweise viel Mühe gegeben hat, um ein bestimmtes Ergebnis zu erzielen oder eine bestimmte Erfahrung zu machen. Die Enttäuschung kann auch eine gewisse Hoffnungslosigkeit signalisieren, da man möglicherweise das Gefühl hat, dass sich Dinge nicht so entwickeln, wie man es sich gewünscht hätte.

Es scheint, dass der Sprecher oder Gesprächsteilnehmer eine Vorstellung oder Hoffnung hatte, die sich nicht erfüllt hat. Dies kann zu einer gewissen Frustration führen, da die Erwartungen nicht erfüllt wurden und möglicherweise eine Art Verlust oder Versagen wahrgenommen wird. Die Enttäuschung kann auch aufgrund von Unzufriedenheit entstehen, da das erreichte Ergebnis nicht den eigenen Standards oder Wünschen entspricht.

Der Satz deutet darauf hin, dass etwas nicht den persönlichen Präferenzen oder Vorstellungen des Sprechers entspricht. Dies kann zu einem Gefühl der Unzufriedenheit führen, da die Erwartungen nicht erfüllt wurden.

32 Mit intelligenten Synonymen die Kommunikation verbessern

Oder: »Manchmal können Synonyme helfen, die Nuancen eines Begriffs besser zu erfassen und damit die Kommunikation präziser zu gestalten.« (Max Müller)
Sie kennen das, manchmal will einem ein Wort partout nicht einfallen. Man sucht nach dem Fachbegriff, um schön und intelligent zu formulieren. Das Wort, das man gerade parat hat, gefällt einem nicht so gut und hat zu wenig »Gewicht«. Es klingt so nichtssagend, veraltet oder nicht mehr zeitgemäß.

Vor vielen Jahren, als ich bei Siemens in München trainiert habe, kam in der Pause ein Seminarteilnehmer auf mich zu und bat mich um Rat. Er hatte auf einer Siemens-Hausmesse mit der Geschäftsführerin eines interessanten Unternehmens gesprochen und wollte sich dort bewerben. Er gehörte zu den Mitarbeitern, die im Zuge eines Personalabbaus das Unternehmen verlassen mussten. Die Vertreterin des Unternehmens gab ihm eine Antwort, die ihn so überraschte, dass er nichts zu erwidern wusste. Sie sagte: »Was hat die Arbeit Ihres Unternehmens denn mit der Arbeit unseres Unternehmens gemeinsam?« Wie er mir sagte, versprach ihm die Geschäftsführerin ein zweites Gespräch, sofern er eine Antwort auf die Frage geben könne.

Er kam also zu mir und suchte nach einer Antwort. »Was hätte ich sagen können, Herr Hahl? Mir fiel leider so gar nichts ein.« Ich antwortete ihm. »Wenn das Unternehmen so gar nichts mit Ihrem Unternehmen zu tun hat, dann wäre eine Gegenfrage gut gewesen: ›Warum sind Sie hier auf unserer Hausmesse, wenn Ihre Firma nichts mit unserer Firma gemein hat?‹« Er schaute mich an und ich vergesse nie seine Antwort. Er sagte: »Warum können Sie bei solch einem Gespräch nicht dabei sein, als mein Souffleur? Die Antwort ist perfekt und absolut berechtigt.« Ich weiß nicht, ob es tatsächlich ein zweites Gespräch gab und ob mein Seminarteilnehmer die Dame mit dieser Aussage konfrontiert hatte, jedoch geht es in der Kommunikation nicht nur darum, passende, geistreiche und nachhaltige Sätze zu formulieren, sondern auch darum, geistesgegenwärtig zu sein und prägnante und treffende Worte zu wählen.

In diesem Kapitel stelle ich Ihnen einige Formulierungen und deren »intelligentere« Geschwister vor. Selbstverständlich decken diese Sprachbeispiele nicht alle Formulierungsalternativen ab. Das sollen und können Sie auch gar nicht. Vielmehr möchte ich Sie dazu animieren, Ihre Wortwahl zu verfeinern, zu optimieren, zu modernisieren, professioneller und eindrucksvoller zu gestalten. Quasi einen »Wortanker« zu setzen, um positiv und mit großer Achtung bei Ihrem Gegenüber im Gedächtnis zu bleiben.

32 Mit intelligenten Synonymen die Kommunikation verbessern

Hier nun einige Wortbeispiele zur Animation und Motivation für Ihren Sprachgebrauch. Sicherlich finden Sie noch viele weitere und bessere Formulierungsalternativen.

Wirkungsvolle und intelligente Synonyme finden

- **Kunde** *ersetzen durch* **Klientel**
- **Aktuelle Situation** *ersetzen durch* **gegenwärtige Lage**
- **Vorher** *ersetzen durch* **präexistent**
- **Problem** *ersetzen durch* **Herausforderung** oder **Anliegen**
- **Konkret** *ersetzen durch* **bei genauerer Betrachtung**
- **Entwicklung** *ersetzen durch* **Evolution**
- **Konkurrenz** *ersetzen durch* **Mitbewerber**
- **Steigerung** *ersetzen durch* **Augmentation**
- **Mitarbeiter** *ersetzen durch* **Teammitglied** oder **Kollege**
- **Entwicklung** *ersetzen durch* **Fortschritt** oder **Weiterentwicklung**
- **Produkt** *ersetzen durch* **Erzeugnis**
- **Anpassung** *ersetzen durch* **Adaption**
- **Zum Beispiel** *ersetzen durch* **exemplarisch**
- **Verhandlung** *ersetzen durch* **Konsultation**
- **Entscheidung** *ersetzen durch* **Beschluss** oder **Entschluss**
- **Plan** *ersetzen durch* **Strategie** oder **Konzept**
- **Wichtig** *ersetzen durch* **nennenswert**

Es gibt noch zahllose weitere Beispiele für wirkungsvolle Synonyme, mit denen Sie Ihre Sprache bereichern und Ihr Gegenüber vielleicht beeindrucken können. Diese unvollständige Liste ist nur ein Appetizer.

Mein Fazit

Manchmal ist es ratsam, gezielt ausgewählte Synonyme zu verwenden, um die Kommunikation effektiver und ansprechender zu gestalten. Durch die Verwendung von hochsprachlichen und präzisen Begriffen können Sie die Professionalität Ihrer Botschaft und Ihrer Person unterstreichen und das Verständnis und die Wirkung auf Ihr Publikum verbessern. Ein präziser und eleganter Sprachgebrauch kann zudem dazu beitragen, Missverständnisse zu vermeiden und eine positive Wahrnehmung Ihrer Nachricht zu fördern.

33 Die (Ohn-)Macht der Worte. Ein Schlusswort

Oder: »Verschließe den Mund, bevor ihn ein böses Wort verläßt.«
(Gotthold Ephraim Lessing)

»Ertappt«. Wer von uns hat nicht schon einmal seine »Macht« mit Worten gegenüber einer anderen Person ausgeübt? Die Kommunikation besteht zu einem großen Teil aus Worten. Worte, die uns berühren, die wir als angenehm empfinden. Worte, die uns Halt geben, uns Mut zusprechen und die uns an das Gute glauben lassen. Worte, die uns trösten, aufrichten und frisch ans Werk gehen lassen. Wie wir wissen, können Worte aber auch verletzten, zerstören, erniedrigen und uns zweifeln lassen. Zweifeln an uns selbst und an dem, was wir tun. Nicht selten auch daran, wie wir es tun.

Was Worte erreichen, aber auch anrichten können, darüber spricht man seit Tausenden von Jahren. Von Arthur Schopenhauer kenne ich in diesem Zusammenhang eine wunderbare Lebensweisheit, die ich Ihnen nicht vorenthalten möchte:

> »Wer klug ist, wird im Gespräch weniger an das denken, worüber er spricht, als an den, mit dem er spricht. Sobald er dies tut, ist er sicher, nichts zu sagen, das er nachher bereut.«
>
> Arthur Schopenhauer

Schopenhauer reiht sich damit ein in die Reihe der großen Persönlichkeiten dieser Welt, die sich intensiv mit unserer Sprache befasst, einzelne Worte und deren Wirkung immer wieder zum Thema gemacht und unsere Sprache bereichert haben. Martin Luther, Friedrich Schiller, William Shakespeare, Gotthold Ephraim Lessing, Benjamin Franklin, Horaz, Johann Wolfgang von Goethe, Sir Francis Bacon, Wilhelm Busch, Fjodor Michailowitsch Dostojewski, William Faulkner, Mark Twain, Pindar, Friedrich Nietzsche, Heinrich Heine, Ernest Hemingway und Unzählige mehr. Bitte verzeihen Sie mir, wenn ich Ihren Lieblingskommunikator vergessen habe. Es war keine böse Absicht. All diese Menschen und viele mehr haben sich nicht nur diesem so spannenden Thema gewidmet, sondern die Worte im positiven, verständlichen Sinne »auf die Goldwaage« gelegt.

Für den Schlussteil meines Buches habe ich etwas Besonderes gemacht. Ich habe meine Klienten, Kunden, Seminarteilnehmer, Besucher, Interessenten, Kandidaten, Geschäftspartner, Freunde, Bekannte, Familienmitglieder, Leserinnen und Leser und viele mehr darum gebeten, mir Sätze, Äußerungen zu nennen, die für sie Macht oder Ohnmacht bedeutet haben. Worte, an die sich jeder Einzelne auch nach vielen Jahren immer noch erinnert oder die er oder sie erst vor Kurzem gehört hat. Entscheidend war hierbei, Worte auszuwählen, die zunächst positiv klingen, jedoch auch negativ verstanden werden können. Worte die sowohl eine positive als auch eine negative Bedeutung haben. Und ganz entscheidend: Worte, die im täglichen Berufsleben gesprochen wurden.

Worte, Ausdrücke, Sätze, an denen jeder von uns arbeiten kann, weil sie fast jeder von uns schon mindestens einmal ausgesprochen hat. Lassen Sie sich überraschen, faszinieren, ertappen, begeistern und verzaubern. Freuen oder ärgern Sie sich. Bleiben Sie ganz cool oder regen sich heftig auf. Machen Sie mit und prüfen Sie, welche der folgenden Worte oder Sätze Sie vielleicht selbst schon einmal ausgesprochen haben und wie Sie sie hätten anders formulieren oder sogar streichen können. Los geht's. Ich wünsche Ihnen hierbei ganz viel Inspiration, Verständnis und eine gute Einstellung.

- »gesunder Menschenverstand«
- »Lügen strafen«
- »haushoch unterlegen«
- »Das Mindeste, was ich erwarten kann«
- »überqualifiziert«
- »nicht ansatzweise stimmig«
- »gesund geschrumpft«
- »Wir haben uns verjüngt«
- »klare Ansage«
- »Und das soll ich Ihnen glauben«
- »Verstehen Sie mich bitte nicht falsch«
- »Ich wünschte, ich könnte Ihnen zustimmen«
- »grundsätzlich«
- »im Großen und Ganzen«
- »genauer betrachtet«
- »eigentlich«
- »Das hat schon sehr viel Schönes«
- »Trotz des Erfolgs Mensch geblieben«
- »Darauf reagiere ich allergisch«
- »Sie sind nicht in der Position, mich zu kritisieren«
- »Ich habe schon viele kommen und gehen sehen«
- »Muss ich denn immer alles alleine machen«
- »Was glauben Sie, mit wem Sie reden«
- »Wem wollen Sie das verkaufen«
- »Klotzen nicht kleckern«
- »Ich verlange Respekt«
- »Nehmen Sie es mir nicht krumm«
- »Ich kann auch ganz anders«
- »geradeaus gesprochen«
- »Ich bin ja bekannt dafür, dass …«
- »Lange schaue ich mir das nicht mehr an«

- »übers Ziel hinausgeschossen«
- »normalerweise«
- »Ich hätte mehr von Ihnen erwartet«
- »Kommen Sie mir nicht so«
- »Bringen Sie doch hier nicht alles durcheinander«
- »Das haben wir schon immer so gemacht«
- »Wenn es Ihnen nicht passt, können Sie ja gehen«
- »Sie überschreiten Ihre Kompetenz«
- »Es ist nicht persönlich gemeint«
- »Sie haben noch sehr viel zu lernen«
- »Das interessiert mich nicht«
- »Ich kann Ihnen nicht immer helfen«
- »Zeit genug hatten Sie ja«
- »Das ist nicht Ihr Ernst«
- »So habe ich mir das nicht vorgestellt«
- »Typisch …«
- »Überlegen Sie doch mal«
- »Noch Fragen?«
- »Ihre Zeit im Unternehmen ist abgelaufen«
- »Das hat damit nichts zu tun«

All diese Aussagen haben einen Menschen belastet oder ihn an etwas erinnert. All diese Worte haben sich die Personen über Jahre gemerkt und nie vergessen. Solche Sätze hören wir jeden Tag. Einmal oder mehrmals.

Vielleicht haben Sie selbst einen der genannten Sätze gesagt? Vielleicht erkennen Sie ihn wieder? Und sicherlich denken Sie heute anders darüber und würden ihn so nicht mehr wiederholen. Möglicherweise begegnet Ihnen morgen auf dem Flur genau dieser Mensch, der so offen war, mir eine seiner Aussagen zu schenken. Es kann Ihre Kollegin oder Ihr Kollege sein, es kann einer Ihrer Kunden sein. Es kann der Pförtner, die Telefonassistenz, der Azubi, Ihr Vorgesetzter, der Außendienstkollege, der Kantinenchef, der Tischnachbar, eines Ihrer Teammitglieder oder der Vorstandsvorsitzende sein.

Wir alle sind Menschen und wir sprechen tagtäglich miteinander. Dabei machen wir Fehler. Oftmals unbewusst, fast nie mit böser Absicht. Zumindest kann ich das über die meisten Personen sagen, mit denen ich zu tun und gesprochen habe. Wir reden miteinander, weil uns genau das miteinander verbindet. Wir tragen vor, weisen an, erklären, fordern, befähigen, loben, erkennen an, befördern, entlassen und diskutieren. Das ist es, was uns auszeichnet: dass wir miteinander sprechen können.

Nehmen Sie mein Buch als kleine Erinnerung daran, wie schön die Sprache ist, wie viel Gutes sie bewirken kann und wie gerne wir sie einsetzen. Halten Sie unsere Sprache hoch, halten Sie sie frisch und lebendig. Wenden Sie sie aktiv an. Gehen Sie ins Gespräch, in den Austausch, ins Meeting, in das Seminar und nutzen Sie eine Gabe, die wir alle teilen: die Kommunikation miteinander.

Viel Erfolg für Ihre Business-Kommunikation!

Michael H. Hahl

Danke

Oder: »Freude ist die einfachste Form der Dankbarkeit.« (Karl Barth)
Ich freue mich sehr darüber, dass mein Buch genau so geworden ist, wie ich es mir gewünscht haben, und dass es Ihr Interesse geweckt hat. Dass Sie es gekauft haben, ehrt mich sehr, und auch hierfür sende ich Ihnen mein herzliches Dankeschön.

Mein besonderer Dank geht an meine Familie. An meine liebe Frau Kristina, die immer da ist, auf die ich mich stets verlassen kann und die mir den Rücken freigehalten hat, um dieses Buch zu schreiben. An meine beiden Töchter Giulia und Louisa, die beide das Beste sind, was ein Vater sich wünschen kann. Ich liebe Euch alle drei, weil Ihr einfach wunderbar seid.

Einen großen Dank geht auch an alle Freunde, Kollegen, Klienten, Bekannten, Kunden und Kontakte, die mich nicht nur inspiriert, sondern auch mit ihren Beiträgen, Ideen und Gesprächen zum Gelingen dieses Buchs beigetragen haben.

Danke auch an meinen Freund und Mentor Rolf H. Ruhleder, für seine freundlichen Geleitworte und die wertschätzenden Gespräche. Ich wünsche Dir ein langes, vitales Leben.

Und zu guter Letzt auch Danke an den Haufe Verlag für sein Vertrauen in mich, in mein Herzensthema und meine Schreibkunst. Explizit ein herzliches Dankeschön an Mirjam Gabler, meine erste Ansprech- und hervorragende Austauschpartnerin, für ihren Einsatz und die guten Gespräche sowie an Peter Böke, meinen Lektor.

Danke von ganzem Herzen.

Michael H. Hahl

Quellenverzeichnis

Rolf H. Ruhleder

https://www.abendblatt.de/wirtschaft/karriere/article107244430/Zur-Person.html

Michael Jastroch

https://www.contemporarytheatercompany.com/product-page/hardcore-listening

Michael H. Hahl (Der Autor)

https://www.managerseminare.de/ms_Artikel/Erstes-Improvisationsseminar-Souveraen-reden-aus-dem-Stegreif,153812

Gabriele Faber-Wiener

https://link.springer.com/book/10.1007/978-3-642-38942-9

30 Sekunden entscheiden

https://www.wirtschaftswissen.de/unternehmensgruendung-und-fuehrung/unternehmenskommunikation/rhetorik/in-30-sekunden-entscheidet-sich-ob-man-ihnen-zuhoert/

Platon

https://de.wikipedia.org/wiki/Platon

John F. Kennedy

https://medienportal.univie.ac.at/uniview/wissenschaft-gesellschaft/detailansicht/artikel/john-f-kennedy-vorbild-fuer-eine-ganze-generation/

Stoa

https://de.wikipedia.org/wiki/Stoa

Epiktet

https://de.wikipedia.org/wiki/Epiktet

https://www.philomag.de/philosophen/epiktet

Sokrates

https://www.prinzip-wirksamkeit.de/was-ist-ein-sokratisches-gespraech/

https://www.journal21.ch/artikel/wie-sokrates-heute-lehren-wuerde

https://www.nationalgeographic.de/geschichte-und-kultur/2019/11/wer-war-sokrates

Steve Jobs

https://www.spiegel.de/thema/steve_jobs/

https://de.wikipedia.org/wiki/Steve_Jobs

Nelson Mandela

https://www.spiegel.de/thema/nelson_mandela/

Rolf Merkle

https://www.stern.de/neon/herz/psyche-gesundheit/nein-sagen--es-faellt-so-schwer-und-ist-so-wichtig--9014966.html

Quellenverzeichnis

Kritik

https://www.welt.de/wirtschaft/karriere/article8862845/Wie-Kritik-positiv-wirken-kann-statt-zu-verletzen.html

Les Brown

»Ja aber… 40 ätzende Killerargumente und die besten Antworten darauf« von Charles ›Chic‹ Thompson und Lael Lyons. München: Droemer Knaur 1995.

Friedemann Schulz von Thun

https://www.schulz-von-thun.de/die-modelle/das-kommunikationsquadrat

Karl May

https://www.stern.de/kultur/buecher/karl-may-verleger-lothar-schmid-als-buecher-noch-werte-vermittelten-3093358.html

Alle Abbildungen im Buch

Salwa Abbas

Stichwortverzeichnis

A
Adjektiv
  - verstärkende Adjektive 168
Affirmation 129
Agitation 38
  - Nutzen für die Kommunikation 38
aktueller Bezug 81
Alleinstellungsmerkmal 48, 50
Anerkennung 90
Angst 107
  - Angst vor Konflikten 20
Antwort verweigern 170
Appell 161
Aristoteles 96
Ataraxie 99
Aufmerksamkeit 38
Aufrichtigkeit 88
Augenhöhe 22 ff., 85 ff.
Ausstrahlung 24
Authentizität 78
Autonomie 179

B
Besserwisser 177
  - Besserwisser entlarven 114
Betonung 15
Bewerbungsprozess 22
Beziehungsebene 19, 161
Beziehungshinweis 161
Buchtitel 15
Business-Kommunikation 169
Business-Netzwerk 131

C
Churchill, Winston 97

D
deskriptive Kommunikation 39
  - Nutzen für die Kommunikation 39
Deskriptivismus 39
Dialekt 15
die Zahl Drei 81
Differenzierung 37
digitale Überlastung 135

Diversity 105
  - Diversity und Kommunikation 105 ff.

E
Ehrlichkeit 88
Einflussnahme 29
Einfühlungsvermögen 179
Emoji 25
emotionaler Appell 30
emotionale Verbindung 37
Empathie 92, 179
Entmachtung durch Integration 116
Epiktet 99
Ergebnisorientierung 83
erster Eindruck 80
Erwartung der Zuhörer 79
Erwartungs-Fragen 79

F
falsche Hoffnung 88
Fantasie 12 ff.
Feedback
  - ungefragtes Feedback 177
Fehlinformation 39
Fremdbeurteilung 85
Führung und Kommunikationsstärke 30
Fünf-Why-Methode 175 ff.

G
Gandhi 103
gendergerechte Sprache 106
Geschäftskommunikation 155
Gesprächsführung in Meetings 75, 78
Gesprächsvorbereitung 17
Glaubenssätze 128 ff.
Glaubwürdigkeit 171
Gleichbehandlungsgesetz (AGG) 89
Gönnen können 126

H
Hardcore-Listening 46
Headline 15
Hervorhebung 37
Hinhaltetaktik 88

Hinhalteverhalten 107
Humor 24
Hyperbel 37
- Nutzen für die Kommunikation 37

I
Improvisation 55
- Tipps und Übungen 55 ff.
Informationsüberflutung 131
interkulturelle Kommunikation 54
interkulturelle Kompetenz 106
interne Kommunikation 25
Ironie 32 ff.

J
Jobinterview 22
Jobs, Steve 101

K
Kennedy, John F. 97
Klarheit 29, 37
Kommunikation auf Augenhöhe 86
Kommunikation in Meetings 75, 78
Kommunikationsbegriff 12
- Beispiele für unehrliche Kommunikation 111
- Erfolgstipps 16
- Kommunikation auf Augenhöhe 22
- rhetorische Mittel 28
- verbindliche Kommunikation 25
- Vier Vs der Kommunikation 64
- Vornamen der Kommunikation 13
Kommunikationsquadrat 160
Kommunikationsstärke 85
Kompliment 81
Konflikt 20
Konfliktlösung 54
konstruktive Kritik 125
Kontaktanfrage
- Beispiel 133
Kontrollbedürfnis 179
Köpersprache 15
KO-Satz 60, 77
- Beispielsätze 60 ff.
Krisenmanagement 36
Kritik
- Kritik konstruktiv formulieren 125
- Kritik mit positiven Worten 162
- vergiftetes Lob 124

Kritikfähigkeit 123
kritisches Denken 30

L
Lautstärke 15
leere Phrasen 136
Lincoln, Abraham 103
LinkedIn 131

M
Management 54
Mandela, Nelson 103
Manipulation 39
Markenkommunikation 36
Marketing 54
Martin Luther King 98
May, Karl 174
Meeting 75
Minimax-Prinzip 84
Mobilisierung 38
Multiplikator 75

N
Nachrichtenquadrat 160
negative Glaubenssätze 128 ff.
Nein sagen 26, 88, 90, 108 ff.
- Beispiele für ein höfliches Nein 27

O
Oxymoron 31

P
Paraphrase 34 ff.
- Nutzen für die Kommunikation 35
Perikles 102
persönliche Entwicklung 54
persönliches Gespräch 23
Platon 96 ff.
Polarisieren 36
- Nutzen für die Kommunikation 36
Polarisierung 38
positive Kommunikation 160
PrIO-System 121
Privatsphäre 177
Protokoll 84
- Minimax-Prinzip 84

R
Rede
- die ersten Sekunden der Rede 81

Redeanteil 42, 45
Relevanz 132
Reputation 172
Respekt 18, 88, 90
- respektvolle Formulierung 19

Rhetorik 29 ff.
rhetorische Mittel
- Agitation 38
- beschreibende Rede 39
- Hyperbel 37
- Ironie 32
- Oxymoron 31
- Paraphrase 34
- Polarisierung 36
- Sarkasmus 33
- Simile 31
- Synonyme 184
- Synonyme;>;> 185
- Vergleich 31
- verstärkende Adjektive 168

Rücksichtnahme 21

S
Sachebene 19, 161
Sachinformation 160
Sachlichkeit 83
Sarkasmus 33 ff.
Schlagzeile 81
Schulz von Thun, Friedemann 160
Schwäche in der Kommunikation 72 ff.
Seelenruhe 99
Selbstbeurteilung 85
Selbstbewusstsein 30, 110
Selbstgespräch 128
Selbstkundgabe 160 ff.
Selbstrechtfertigung 72 ff.
Selbstvertrauen 108, 110
Selbstwichtigkeit 180
Sender-Empfänger-Modell 71
Simile 31 ff.
Social Media 131
Sokrates 99
sokratisches Gespräch 100
sozialer Status 109
soziale Sensibilität 180
Stille 173

Stoa 99
Störungen in der Kommunikation 114
Stress 21
Suggestivfrage 149
- Umgang mit Suggestivfragen 150 ff., 153 ff.

Synonyme 184 ff.

T
Tür-und-Angel-Gespräch 21

U
Überforderung 110
Überlastung 110
Überzeugungskraft 29, 37, 80, 121, 168
- Übung Der heiße Stuhl 122

Unausgesprochenes 173
Unerfahrenheit 21
Unique Selling Point (USP) 48, 50
Unsicherheit 108
Unzufriedenheit in der Kommunikation 171

V
Verantwortung 64, 70
verbindliche Kommunikation 25
Verbindlichkeit 64, 67
vergiftetes Lob 124
Vergleich 31
verletzende Worte 118, 120
- Beispiele und Verhaltenstipps 119

Verletzung persönlicher Grenzen 179
Verständlichkeit 21
Vertrauen 64, 66, 135, 171
Vier-Ohren-Modell 160
Vier-Seiten-Modell 160
Vier Vs der Kommunikation 64, 66
- Verantwortung 70
- Verbindlichkeit 67
- Vertrauen 66
- Vorbereitung 69

Visualisierung 129
Vorbereitung 17 ff., 64, 69
Vornamen der Kommunikation 13

W
Werbung 54
Werte 174, 176
Wertschätzung 18, 90, 176
wissenschaftliche Kommunikation 40

Worthülsen 136

X
XING 131

Z
Zeitfenster 25

Zeitressource 132
Zuhören 41 ff., 44
– Eigenschaften eines guten Zuhörers 45
– Hardcore-Listening 46

Der Autor

Michael Hans Hahl, Jahrgang 1966, verheiratet, Vater zweier Töchter. Er kommt aus Mannheim und lebt in Hamburg. Seine berufliche Karriere hat ursprünglich in der Immobilien- und Wohnungswirtschaft begonnen. Er war Handlungsbevollmächtigter einer großen Immobiliengruppe und viele Jahre der Experte für effektive und effiziente Meetings.

Seit 20 Jahren ist er dort zu Hause, wo es um persönliche Karriere- und Personalentscheidungen geht. Neben der Weiterbildung in der psychologischen Beratung hat er ein Studium im Personal- sowie im Social Media Community Management absolviert.

Michael H. Hahl hat viele Jahre die Monster Worldwide Deutschland GmbH als Forum-Leiter für Gehaltsverhandlungen sowie als Career-Coach u. a. auf der CeBIT Hannover unterstützt. Er war ebenso bundesweiter Trainingsleiter und Karrierecoach namhafter DAX-Unternehmen. Mehrere tausend Klienten und Teilnehmer seiner marktstrategischen Beratung »Career next Level« sowie seiner Workshops konnte er begeistern und gewinnen.

Heute ist er Senior Personal- und Führungskräfteberater sowie Markt-, Netzwerk- und Kommunikationsstratege und engagiert sich sehr für die Generation 50+. Hier hat er die Beratung »Career next Ager®« entwickelt und patentiert. Er ist Deutschlands bester Marktstrategieberater und die erste Fachgröße für das »Alleinstellungsmerkmal«. Hierzu hält er Vorträge, ist Gast bei Diskussionsrunden und auf Events.

Michael H. Hahl steht seit 1985 für eine verbindliche, verlässliche und wertschätzende Kommunikation. Er ist geschätzter Sparringspartner für die obersten Führungsebenen und Entscheider für Unternehmen, TV, Sport und Politik. Sein Schwerpunkt hierbei ist Führung, Verhandlung, Entwicklung, Entscheidung und persönliche Präsenz. Er ist inhaltlicher Partner für Vorträge, Vorstellungen, Auftritte sowie für die gesamte Kommunikationsstrategie.

Seine tägliche Arbeit beschreibt er so: »Ich arbeite mit Menschen, die Entscheidungen treffen und im Fokus stehen. Jeden Tag.«

Als »Insider« der renommierten Business-Plattform XING wurde er bereits dreimal als »TOP-MIND« Diversity und Generationen ausgezeichnet. Seine Artikel haben über 550.000 Aufrufe. Mehrere Veröffentlichungen und Erwähnungen – u. a. bei FAZ Personal, managerSeminare, BDU, Monster, BVMW, XING, LinkedIn und anderen –

unterstreichen seine Expertise. XING schrieb über ihn: »Einer der besten Insider und Vordenker zum Thema Vielfalt und Inklusion«.

Er ist erfolgreicher Buchautor und sein Werk »Business-Erfolg mit dem Netzwerk-Code«, das ebenfalls im Haufe Verlag erschienen ist, gilt heute als eines der besten Bücher zum Thema »Business-Netzwerken«.

Kommunikation dient für ihn der Verbindung von Menschen und ist der Motor jeden Erfolgs. Das ist der Sinn seines Handelns. Gemeinsam mit seinen Klienten entwickelt er Strategien, Prozesse und Wege. Individuell, authentisch, klar und zielführend, mit dem Blick für die Dimension des Wesentlichen.

Besuchen Sie Michael Hans Hahl gern einmal auf seiner Internetseite: www.michaelhanshahl.com

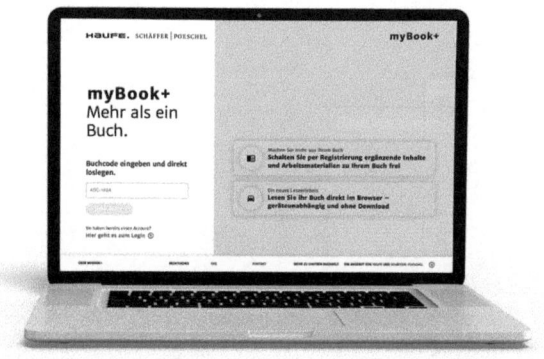

Ihre Online-Inhalte zum Buch: Exklusiv für Buchkäuferinnen und Buchkäufer!

▶ https://mybookplus.de

▶ Buchcode: **LDY-56753**